高职高专"十二五"规划教材

冶金生产计算机控制

主　编　郭爱民

副主编　李勇刚　孔祥彪

北　京

冶金工业出版社

2014

内 容 简 介

　　本书是在"检测仪表"课程之后，为冶金技术专业开设"冶金生产计算机控制"课程编写的教学用书。

　　主要内容包括：生产过程控制原理及系统；单回路控制与计算机控制；计算机控制在工业生产中的典型应用；冶金生产计算机的分级控制；生产过程计算机监控和日常操作。

　　本书可供高职（高等）院校教学使用，也可供从事冶金自动化和冶金工程专业的技术人员参考。

图书在版编目（CIP）数据

冶金生产计算机控制/郭爱民主编. —北京：冶金工业出版社，2014.8

高职高专"十二五"规划教材

ISBN 978-7-5024-6670-1

Ⅰ.①冶…　Ⅱ.①郭…　Ⅲ.①冶金—生产过程—计算机控制—高等职业教育—教材　Ⅳ.①TF1

中国版本图书馆 CIP 数据核字（2014）第 169259 号

出 版 人　谭学余
地　　址　北京市东城区嵩祝院北巷 39 号　邮编　100009　电话　(010)64027926
网　　址　www.cnmip.com.cn　电子信箱　yjcbs@cnmip.com.cn
责任编辑　俞跃春　贾怡雯　美术编辑　杨　帆　版式设计　葛新霞
责任校对　禹　蕊　责任印制　李玉山
ISBN 978-7-5024-6670-1
冶金工业出版社出版发行；各地新华书店经销；三河市双峰印刷装订有限公司印刷
2014 年 8 月第 1 版，2014 年 8 月第 1 次印刷
787mm×1092mm　1/16；12 印张；291 千字；184 页
30.00 元

冶金工业出版社　投稿电话　(010)64027932　投稿信箱　tougao@cnmip.com.cn
冶金工业出版社营销中心　电话：(010)64044283　传真　(010)64027893
冶金书店　地址　北京市东四西大街46号（100010）　电话　(010)65289081(兼传真)
冶金工业出版社天猫旗舰店　yjgy.tmall.com
　　　　　　（本书如有印装质量问题，本社营销中心负责退换）

前　言

本书以能够适应我国冶金生产操作的需要为前提，以提高教育质量为目的，介绍了计算机控制系统在工业生产中的典型应用，结合冶金生产工艺，介绍了冶金生产计算机的分级控制，以及生产过程中常用监控画面及常见操作。

本书内容较系统地阐述了冶金企业在现代生产过程控制中的计算机应用技术。

通过对本书的学习，学生可熟悉生产过程中自动控制的基本原理和方法，了解计算机控制技术在冶金生产中的具体应用，学生毕业走向工作岗位后，能更好更快地适应现代生产操作的需要。

本书由郭爱民担任主编，李勇刚、孔祥彪担任副主编。山西工程职业技术学院郭爱民、任中盛合编第1、2章，晋西集团有限责任公司孔祥彪编写第3章，山西工程职业技术学院胡锐、郝赳赳、薛方合编第4章，山西太钢不锈钢股份有限公司李勇刚编写第5章，山西太钢不锈钢股份有限公司韩永生、焦剑、杨瑞军合编第6章，山西太钢不锈钢股份有限公司任昌编写第7章。

在编写过程中，我们引用了部分专家学者的研究成果，在此向所引用参考文献的作者表示感谢。

由于编者水平所限，书中不妥之处，恳请读者批评指正。

编　者

2014 年 5 月

目　录

生产过程控制原理及系统

1.1 生产过程控制概述

1.1.1 自动控制系统的组成

自动控制系统是模仿人工控制来实现的。我们以生产过程中加热炉的温度控制为例说明。图 1-1 （a）是通过控制燃料的流量以控制炉温的人工控制示意图。人工控制的过程是：观察当前的温度 t 并与要求的温度 T 进行比较，如果 $t > T$，将减小阀门开度，使燃料减少，炉温下降，直到 $t = T$ 为止；如果 $t < T$，将增加阀门的开度，使燃料增加，炉温上升，直到 $t = T$ 为止。阀门的控制过程是很有学问的，有经验的操作工人如发现当前温度 t 与要求温度 T 相差较大，将大幅度改变阀门开度；如发现温度急剧变化如下降，将快速控制阀门开度。

上述人工控制过程可归纳为：（1）观察当前温度 t；（2）与要求温度 T 作比较，求偏差值（$t-T$）；（3）根据偏差按一定的控制方式改变阀门开度；（4）当 $t = T$ 时，停止操作，保持阀位不变。上述操作过程，完全可以通过控制仪表自动完成，如图 1-1 （b）所示。

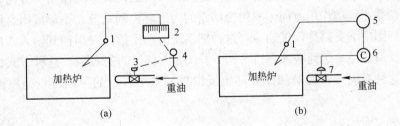

图 1-1　人工控制与自动控制示意图

（a）人工控制；（b）自动控制

1—热电偶；2—显示仪表；3，7—调节阀；4—操作人员；5—变送器；6—调节器

被控制的加热炉，加上一些自动控制仪表（变送器、调节器、执行器）就构成了一个自动控制系统。从图 1-1 可以看出，自动控制与人工控制的区别在于，自动控制是用测温组件热电偶及变送器代替人的眼睛，起检测信号的作用，用调节器代替人的大脑，判断偏差，根据偏差输出调节信号，用执行机构代替人的手，输出位移量，去控制阀门的开度。从而可使被控的加热炉温度自动稳定在预先规定的数值上。

简单的自动控制系统的组成如图 1-2 所示。

图中每一个方框表示一个设备或装置，各个设备装置之间的关系，用它们之间的连线表示。

习惯上把被控制的装置或设备（如图 1-1 中的加热炉）称为被控对象或对象；把所控

制的参数（如温度）称为被控量；把作用于对象的物料或能量（如重油）称为操纵量；把引起被控量变化的外界因素（如管道漏油、或电压波动等）称为干扰或扰动。由这些来表示广义的单回路控制系统。

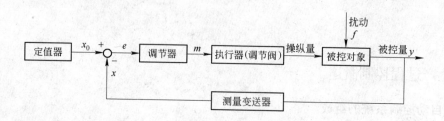

图 1-2　单回路控制系统方框图

检测元件及变送器：感受被控量的大小，变换成调节器所需要的信号形式，例如电动调节器所需要的电信号。x 称为检测信号（测量值）。

定值器：定值器是把被控量设定值（或称给定值即生产要求的数值）的大小，以调节器要求的信号形式（例如电信号），输送给调节器。x_0 称为设定值或给定信号，设定值与测量值之差称为偏差，用 e 表示。

调节器：将设定值 x_0 与测量值 x 进行比较，将二者的差值 e 进行运算，然后输出使执行机构动作的控制信号 m_0，执行机构接受调节器发出的控制信号并放大到足够的功率，推动调节阀门开动变化，改变操纵量控制被控量。

图 1-2 所示的方框图中，方框之间连线的箭头，只是代表施加作用的方向，并不代表物料之间的联系。施加作用方向形成闭合回路的为闭环控制系统，不形成闭合回路的为开环控制系统。图中下支路称反馈通道。这种把系统的输出信号又引回到输入端的做法，就叫做反馈。反馈信号 x 送到输入端后，调节器按偏差信号进行控制，这种方式称为负反馈控制方式。这种系统又称为单回路闭环负反馈控制系统，它的控制特点是根据偏差进行控制。

1.1.2　自动控制系统的分类

在闭环控制系统中，为了便于分析自动控制系统的性质，按照设定值情况的不同，又可分类为三种类型。

1.1.2.1　定值控制系统

定值控制系统，是指这类控制系统的设定值 x_0 是恒定不变的。生产过程中往往要求控制系统的被控量保持在某一定值不变，当被控量波动时调节器动作，使被控量回复至设定值（或接近设定数值）。大多数生产过程的自动控制，都是定值控制系统。上述加热炉温度的自动控制，就是一种定值控制系统。在定值控制系统中，有简单的控制系统，又有复杂的控制系统。一般来说，简单控制系统只包含一个由基本的自动控制装置组成的闭合回路，如图 1-2 所示。如果影响被控量波动的因素较多，采用一个回路不能满足工艺要求，就需要采用两个以上的回路，这就组成了复杂的控制系统。

1.1.2.2 程序控制系统

程序控制系统也称顺序控制系统。这类控制系统的设定值是变化的，但它是时间的已知函数，即设定值 x_0 按一定的时间程序变化。例如某些热处理炉温度的自动控制，需要采用程序控制系统，因为工艺要求有一定的升温、保温、降温时间。

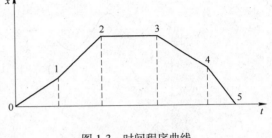

图 1-3 时间程序曲线

图 1-3 所示曲线就是热处理炉工艺要求的温度变化规律实例，其中 0-1-2 线段是升温曲线，2-3 线段是保温曲线，3-4-5线段是降温曲线。通过系统中的程序设定装置，可使设定值按工艺要求的预定程序变化，从而使被控量也跟随设定值的程序变化。

1.1.2.3 随动控制系统

随动控制系统也称为自动跟踪系统，这类系统的设定值是一个未知的变化量。这类控制系统的主要任务是：使被控量能尽快地准确无误地跟踪设定值的变化，而不考虑扰动对被控量的影响。

在冶金生产过程中，如燃料燃烧过程，空气与燃料量之间的比值是有一定要求的，但是燃料量需要多少，则随生产情况而定，而且预先不知道它的变化规律。在这里燃料需要量相当于设定值，它随温度的变化而变化，故这样的系统称为随动控制系统。在这样的随动控制系统中，由于空气量的变化必须随着燃料量按一定比值而变，因此又称为比值控制系统，比值控制系统是工业中较常见的随动系统形式。

1.2 控制系统过渡过程及品质指标

1.2.1 自动控制系统的过渡过程

一个处于平衡状态的自动控制系统，在受到扰动作用后，被控量发生变化；与此同时，控制系统的控制作用将被控量重新稳定下来，并力图使其回到设定值或设定值附近。一个控制系统在外界干扰或给定干扰作用下，从原有稳定状态过渡到新的稳定状态的整个过程，称为控制系统的过渡过程。控制系统的过渡过程是衡量控制系统品质优劣的重要依据。

在阶跃干扰作用下，控制系统的过渡过程有如图 1-4 所示的几种形式。

图 1-4（a）为发散振荡过程，它表明这个控制系统在受到阶跃干扰作用后，非但不能使被控量回到设定值，反而使它振荡得越剧烈。显然，这类过渡过程的控制系统是不能满足生产要求的。图 1-4（b）为等幅振荡过程，它表示系统受到阶跃干扰后，被控量将作振幅恒定的振荡而不能稳下来。因此，除了简单的位式控制外，这类过渡过程一般也是不允许的。图 1-4（c）为衰减振荡过程，它表明被控量经过一段时间的衰减振荡后，最终能重新稳定下来。图 1-4（d）为单调衰减过程，它表明被控量最终也能稳定下来，但由于被控

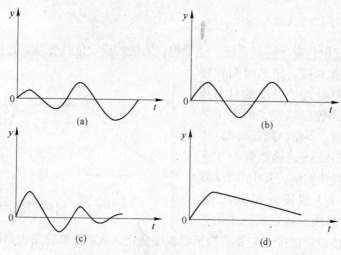

图 1-4　过渡过程的几种基本形式

（a）发散震荡；（b）等幅震荡；（c）衰减震荡；（d）单调过程

量达到新的稳定值的过程太缓慢，而且被控量长期偏离设定值一边，一般情况下工艺上也是不允许的，只有在工艺允许被控变量不能振荡时才采用。

1.2.2　过渡过程的品质指标

从以上几种过渡过程情况可知，一个合格的、稳定的控制系统，当受到外界干扰以后，被控量的变化应是一条衰减的曲线。图 1-5 表示了一个定值控制系统受到外界阶跃干扰以后的过渡过程曲线，衡量该曲线所表示的控制系统的好坏，常采用以下几个过渡过程品质指标。

（1）衰减比。衰减比是表征系统受到干扰以后，被控变量衰减程度的指标。其值为前后两个相邻峰值之比，即图中的 B/B'，一般希望它能在 4：1 到 10：1 之间。

（2）静差（余差）。静差是指控制系统受到干扰后，过渡过程结束时被控变量的残余偏差，即图中的 C。C 值也就是被控变量在扰动后的稳态值与设定值之差。控制系统的静差要满足工艺要求，有的控制系统工艺上不允许有静差，即要求 $C=0$。

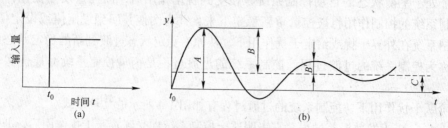

图 1-5　阶跃扰动作用时过渡过程品质指标示意图

（a）阶跃扰动；（b）过渡过程曲线

（3）最大偏差。最大偏差表示被控量偏离设定值的最大程度。对于一个衰减的过渡过程，最大偏差就是第一个波的峰值，即图中 A 值。A 值就是被控量所产生的最大动态偏差。对于一个没有静差的过渡过程来说，$A=B$。

（4）过渡过程时间。过渡过程时间又称调节时间，它表示从干扰产生的时刻起，直至被控量建立起新的平衡状态为止的这一段时间。过渡过程时间愈短愈好。

（5）振荡周期。被控量相邻两个波峰之间的时间称为振荡周期。在衰减比相同的条件下，与过渡时间成正比，因此一般希望周期也是愈短愈好。

影响系统过渡过程品质的因素很多，这些因素概括起来不外三个方面。一是被控制对象本身，也就是对象的性质，影响对象性质的因素主要有对象负荷的大小、对象的结构尺寸及其材质等；二是自动控制装置的性能与运行时的调整等；三是干扰（扰动）作用的形式。前面已经讲到，扰动是随机的，形式也不一定，设计运行时均以对系统影响最大的阶跃扰动来考虑，则影响系统品质的因素主要取决于对象的特性及自动控制装置的性能、投运与正确调整。

1.3 被控对象的动态特性

被控对象的动态特性是通过以输入量和输出量为变化量的微分方程加以描述的，换句话说，被控对象的动态特性的基本表达式是微分方程式。实际上某些被控对象的动态特性往往是十分复杂的高阶微分方程式，求解和分析都比较复杂。还有一些复杂的被控对象，由于其中物理过程的机理不清，无法列出动态的微分方程式，而只得借助于实验来获得动态特性。

工程上常用飞升曲线法来分析被控对象的几个动态特性。

以加热炉温度为例，当煤气或重油阀门突然开大一定开度后，炉膛温度必然要上升，起始温度上升速度较快，后来逐渐变慢，当上升到一定温度值后就不再变化了。煤气或重油阀门 U 突然开大一定开度，实质就是输入量阶跃式变化，如图 1-6（a）

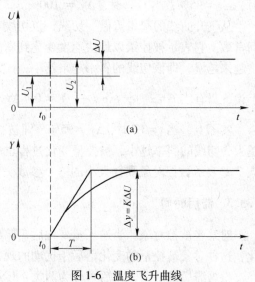

图 1-6 温度飞升曲线
（a）阶跃变化；（b）飞升曲线

所示，此时输出量即炉膛温度随时间变化曲线称为飞升曲线，如图 1-6（b）所示。

从飞升曲线可以看出，调节阀在 t_0 时突然开大了 ΔU，即调节机构的输出信号使流体流入量改变，加热炉温度则慢慢上升，即被控量 y 缓慢变化，最后达到稳态值不再变化。下面从飞升曲线上作特性参数来分析被控对象的动态特性。

1.3.1 放大系数

把加热炉看做一个环节，当它的输入量改变 ΔU 时，它的输出量改变了 Δy，其关系为：

$$\Delta y = K \Delta U \qquad (1-1)$$

这就好像经过加热炉这个环节后，输入量最后放大了 K 倍而输出，因此把 K 称做放大系数。从以上分析可知，放大系数 K 与温度变化过程无关，而只与过程初始两点状态有关，所以放大系数实质上是一个静态特性。利用放大系数可以获得任何扰动 ΔU 对输出的静态影响。对同样大小的扰动 ΔU，如果放大系数 K 大，温度最终变化也大；如果放大系数 K 小，温度最终变化也小。放大系数 K 大的被控对象，调节起来比较灵敏，但稳定性差，而放大系数 K 小的对象调节起来不灵敏但稳定性好。一般希望对象的放大系数 K 小一些，而灵敏度往往靠提高调节器的放大倍数来满足。

1.3.2　时间常数

从图 1-6 可以看出，输出量的变化速度在起始点处最大，以后逐渐下降，最后为零。过渡过程飞升曲线可以用下式表示：

$$\Delta y = 1 - \exp\left(-\frac{t}{T}\right) \tag{1-2}$$

这是一个指数方程，图 1-6 所示的飞升曲线为一指数曲线，e 为常数，等于 2.718，T 是被控对象的特性参数，称为时间常数。

由式（1-2）可知，当 $t=0$ 时，$\Delta y = 0$；当 $t=T$ 时，$\Delta y = 0.623 = 62.3\%$；当 $t=3T$ 时，$\Delta y = 95\%$；当 $t=\infty$ 时，$\Delta y = 100\%$。

从飞升曲线的起始点做一切线，该切线与新的稳定值相交，该点对应的时间 T 即为时间常数。它表示被控量以最快速度变化到新的稳定值所需的时间。实际上由于 y 的变化速度越来越慢，即该切线的斜率越来越小，y 变化到新稳定值所需的时间要长得多。从理论上说，只有当 $t=\infty$ 时，$\exp\left(-\frac{t}{T}\right) = 0$，$\Delta y = 100\%$，即 $\Delta y = K\Delta U$ 才到达新的稳定值。

实际上，当 $t=3T$ 时，$\Delta y = 95\%$，即被控参数 y 的变化已接近结束。因此时间常数 T 越大，切线的斜率越小，被控量变化过程也越长，这表明被控对象惯性越大，可见时间常数 T 是表示被控对象惯性大小的一个参数。

1.3.3　滞后时间

对某些被控对象，当输入量变化后，输出量并不立即改变，而须等待一段时间后才变化，这种对象被控量的变化落后于扰动的现象称为被控对象的滞后现象。

根据滞后的性质，滞后可分为两类：传递滞后和容量滞后。如前面介绍的加热炉温度自动控制系统，首先用热电偶测出温度，经温度变送器，最后到执行机构启动，需要经过一段时间，这段时间称为传递滞后时间。显然，传递滞后一方面与传递距离有关，另一方面与介质流动速度有关。传递滞后对控制过程非常有害，它使调节器不能立即发出信号进行控制，这就降低了控制质量。因此设计控制系统时，应配备适当设备竭力把它减至最小。

传递滞后（纯滞后）时间 τ_0 可用下式表示：

$$\tau_0 = L / w \tag{1-3}$$

式中　L——信号传送距离；

　　　w——信号传送速度。

图 1-7 为传递滞后的示意图。图中 τ_0 为传递滞后时间，T 为时间常数。

有的对象有一种与传递滞后相似的滞后性质，即容量滞后，它几乎与对象的负荷和扰动无关，仅取决于工艺设备的结构及运行条件。传递滞后与容量滞后的区别在于传递滞后延迟被控量开始变化的时间，而容量滞后影响被控量变化的速度。

图 1-8 为一个存在传递滞后多容量对象的飞升曲线。在分析工作中一种近似处理多容量飞升曲线的方法是，在曲线拐点 C 处作一切线，并与横轴交于 B 点，如图 1-8 中的 BC 段。这样就可以将多容量对象飞升曲线 $OACD$ 近似地看做是由一个传递滞后 OA 和一个单容量对象飞升曲线 BCD 所组成。图中 OA 为传递滞后，用 τ_0 表示，AB 为容量滞后，用 τ_c 表示，总滞后时间用 τ 表示：

$$\tau = \tau_0 + \tau_c \tag{1-4}$$

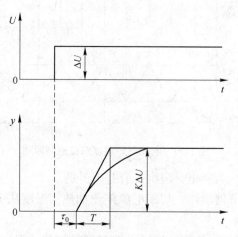

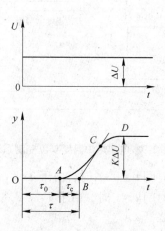

图 1-7 存在传递滞后时的飞升曲线　　图 1-8 存在传递滞后与容量滞后时的飞升曲线

滞后时间是设计自动控制系统、选择仪表必须注意的重要问题。对一些环节的时间滞后可采取适当措施来解决：对一些测量组件，如热电偶、热电阻、流量计、差压信号等应合理选择测量组件的位置，并选择能够快速测量的组件，使用微分单元以克服时间滞后；对变送器、调节器应尽力缩短信号传递管线；对执行环节应加强维护、润滑，使用阀门定位器等。

综上所述，对象的特性可以用放大系数 K、时间常数 T 及滞后时间 τ 三个动态特性参数来表征。

1.4 调节器的控制作用

我们已经知道了被控对象的特性，就要选择出合适的调节器的控制作用与之配合达到控制目的。不论是人工控制还是自动控制，其目的都是为了纠正被控量的偏差，偏差的存在是产生控制作用的根本原因。偏差是调节器的输入，控制动作是调节器的输出。所谓调节器的控制作用，就是指调节器的输出信号与输入（即被控量出现的偏差）之间随时间变化的规律，也称为调节器的调节规律，即调节器的动态特性。其基本的控制作用有双位、比例（P）、积分（I）、微分（D）及其组合。

1.4.1 双位控制作用

双位控制的特点是调节机构只有两个位置，也就是说调节阀不是全开就是全关，它不能停留在两者中间任何位置上，因此它是设备上最简单，投资最少的一种控制方式。

图 1-9 是一个电加热炉温度的双位控制系统，被控对象是电加热炉，为控制炉温，用热电偶测量炉温，并把温度信号送至电动温度调节器，然后由调节器根据温度的变化情况来切断或接通电加热器的电源。当炉温升至上限时，调节器切断电源停止加热；当温度降至下限时，调节器接通电源进行加热。对双位式温度控制系统，它的被控参数 T 是在定值上下波动、如图 1-10 所示。

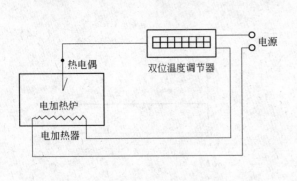

图 1-9 电加热炉温度双位控制系统

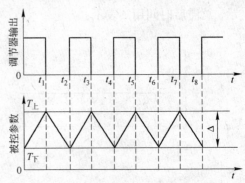

图 1-10 电加热炉温度双位控制原理

当时间 $t = 0 \sim t_1$ 时，由于 $T < T_上$，电加热器一直通电，温度一直是上升的。

当时间 $t = t_1$ 时，由于 $T = T_上$，电动双位调节器动作，切断电源停止加热，温度从 $T_上$ 开始下降。

当时间 $t = t_2$ 时，由于 $T = T_下$，电动双位调节器动作，接通电源又开始加热，温度从 $T_下$ 开始逐渐上升。

当时间 $t = t_3$ 时，$T = T_上$，电动双位调节器又一次切断电源停止加热，如此又开始了一个循环动作。

衡量一个双位控制过程的品质指标，用振幅和周期表示。在图 1-10 中，振幅为 $T_上 - T_下$，Δ 为失灵区。对同一双位控制系统来说，过渡过程的振幅与周期是相互矛盾的，实际上用失灵区 Δ 可以概括说明振幅与周期的关系。很明显，失灵区 Δ 越小，振幅就越小，但周期短，振荡频率大，选择合适的失灵区 Δ，使振幅在允许范围内，尽可能使周期短些。影响双位控制系统品质指标的因素主要是被控对象的滞后。

双位控制一般应用在生产过程允许被控参数经常以一定振幅上下波动、被控对象的时间常数很大、而延迟时间又很小的情况，如常用的电烘箱、管式电炉、箱式电炉、恒温箱等。

1.4.2 比例、积分、微分控制作用

工业生产中的被控对象是复杂多样的，当它受到扰动作用之后，一般均要求控制系统能迅速连续地进行控制，使能量或物料量达到新的平衡状态，被控参数也能稳定在某一定值或回落到设定值上。显然，双位控制无法满足这一要求。为了使控制过程得以稳定，并保证达到一定的控制指标，就必须采用带有比例（P）、积分（I）和微分（D）等控制作用的连续调节器。

1.4.2.1 比例（P）控制作用

比例调节器输出的调节信号 m 与输入的偏差信号 e 成比例。若用一个数学式表示，可

以表示为：

$$m = K_P e \qquad (1-5)$$

式中　K_P——调节器的放大系数

上式表明，比例控制作用的规律是：偏差值 e 变化愈大，调节机构的位移量 m 变换也愈大，并且 e 与 m 之间存在一定的比例关系；另外，偏差值 e 的变化速度（de/dt）快，调节机构的移动速度（dm/dt）也快。这是比例调节器的一个显著特点。

在阶跃输入 e 作用下，比例调节器的动态特性可由图1-11 表示。

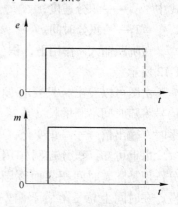

由于比例控制的调节器输出与输入有一一对应的关系，故当被控对象负荷发生变化后，调节机构必须移动到某一个与负荷相适应的位置才能使能量再度平衡，使系统重新稳定。因此控制的结果不可避免地存在静差，这是它的最大缺点。并且被控对象的负荷变化越大，调节机构的位移量 m 也越大，故静差也就越大。这里静差是指扰动作用下，被控量变化，经过调节作用被控量重新稳定下来的数值与原来稳定值（给定值）之间的差值。

图 1-11　比例调节器的动态特性

如加热炉温度自动控制中，当系统处于平衡状态时，被控量（炉温）维持不变。系统受到扰动后（负荷加大），被控量（炉温）发生变化，开始下降。通过比例调节器使调节阀开度开大，煤气或重油量增加，使被控量（炉温）下降速度逐渐缓慢下来，经过一段时间，又建立了新的平衡，此时被控量（炉温）达到新的稳定值，这时调节过程结束。但此时被控量（炉温）的新的稳定值与给定值不相等，它们之间的这个差值就是静差。这个静差的大小，与调节器放大系数 K_P 有关，K_P 大，对应静差小。反之，K_P 小，对应静差大。

比例调节作用的整定参数是放大系数 K_P，它决定比例作用的强弱。K_P 大，比例作用强。但在一般的调节器中，比例作用都不用放大系数 K_P 作为刻度，而用比例带 P_δ 来刻度。对于电动单元组合仪表讲，比例带 P_δ 与放大系数 K_P 互为倒数关系，常以百分数表示。即：

$$P_\delta = \frac{1}{K_P} \times 100\% \qquad (1-6)$$

不难理解，选择比例带 P_δ 越小，比例作用越强；P_δ 越大，比例作用越弱。若 P_δ 选择过小，会造成调节系统不稳振荡；P_δ 过大，比例作用小，静差大。因此要根据静差特点选取合适的 P_δ 值。一般来说，若对象时间常数较大以及放大系数较小时，调节器的比例带可选得小一些，以提高整个系统的灵敏度，使反应加快一些，这样就可得到较理想的控制过程。反之，若对象时间常数较小以及放大系数较大时，比例带就必须选得大些，否则系统就难以稳定。

1.4.2.2　比例积分控制作用

为了能消除静差，提高控制质量，必须在比例控制的基础上，引入能自动消除静差的积分控制作用。

A　积分（I）控制作用

积分控制作用是指调节器输出的调节信号 m 与输入偏差 e 的积分成正比，即：

$$m = K_I \int e \mathrm{d}t \tag{1-7}$$

或

$$m = \frac{1}{T_I} \int e \mathrm{d}t \tag{1-8}$$

式中　K_I——积分速度；

　　　T_I——积分时间。

在阶跃输入 e 作用下，积分调节器的动态特性如图 1-12 所示。

由图可以看出，只要有偏差存在，调节器的输出信号将随时间不断增长（或减小）；只有输入偏差等于零时，输出信号才停止变化，而稳定在某一数值上。

由上可知，积分控制作用可以消除静差，但因积分作用是随着时间积累而逐渐加强，所以控制作用缓慢，在时间上总是落后于偏差信号的变化，不能及时控制。当对象的惯性较大时，被控参数将出现较大的超调量，控制时间也较长，严重时甚至使系统难以稳定。因此积分控制作用不宜单独使用，往往是将比例和积分组合起来，构成比例积分（PI）控制作用，这样控制既及时，又能消除静差。

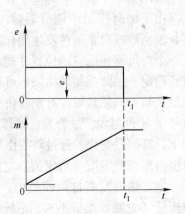

图 1-12　积分调节器的动态特性

B　比例积分（PI）控制作用

比例积分控制作用是比例和积分两种控制作用的组合。调节器表达式可用下式表示：

$$m = K_P \left(e + \frac{1}{T_I} \int e \mathrm{d}t \right) \tag{1-9}$$

或

$$m = \frac{1}{P_\delta} \left(e + \frac{1}{T_I} \int e \mathrm{d}t \right) \tag{1-10}$$

比例积分调节器的特性，就是比例调节器和积分调节器两者特性之和。当输入偏差作一阶跃变化时，比例积分调节器的输出响应特性如图 1-13 所示。

调节器的输出信号 m 是比例和积分作用之和，从偏差作用的瞬间开始是一阶跃变化 $K_P e$（比例作用），然后随时间等速上升 $\left(\dfrac{K_P}{T_I} \right) et$（积分作用）。

为了适应不同情况，比例积分调节器的比例带 P_δ 和积分时间 T_I，按照被控对象的特性进行调整。由于比例积分调节器兼有比例调节器和积分调节器的优点，因此，在工业生产过程控制上得到了较广泛的应用。

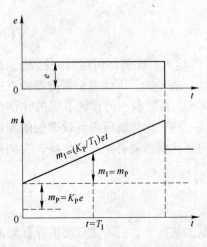

图 1-13　比例积分调节器的动态特性

1.4.2.3 比例微分（PD）控制作用

生产过程中多数热工对象均有一定的滞后，即调节机构改变操纵量之后，并不能立即引起被控量的改变。因此，常常希望能根据被控量变化的趋势，即偏差变化的速度来进行控制。例如看到偏差变化的速度很大，就预计到即将出现很大的偏差，此时就首先过量地打开（或关小）调节阀，以后再逐渐减小（或开大），这样就能迅速克服扰动的影响。这种根据偏差变化速度来操纵阀门开度的方法，就是微分控制作用。

A 微分（D）控制作用

具有微分控制作用的调节器，其输出信号 m 与偏差信号 e 的变化速度成正比，即：

$$m = T_{\mathrm{D}} \frac{\mathrm{d}e}{\mathrm{d}t} \tag{1-11}$$

式中 T_{D}——微分时间；

$\dfrac{\mathrm{d}e}{\mathrm{d}t}$——偏差信号变化速度。

输入端出现阶跃信号的瞬间 $(t = t_0)$，相当于偏差信号变化速度为无穷大，从理论上讲，输出也应达无穷大，其动态特性如图 1-14（a）所示，这种特性称为理想的微分作用特性，但实际上是不可能的。实际微分作用的动态特性如图 1-14（b）所示，在输入作用阶跃变化的瞬间，调节器的输出为一个有限值，然后微分作用逐渐下降，最后为零。对于一个固定偏差来说，不管这个偏差有多大，因为它的变化速度为零，故微分输出亦为零。对于一个等速上升的偏差来说，即 $\mathrm{d}e/\mathrm{d}t = C$（常数），则微分输出亦为常数 $m = T_{\mathrm{D}}C$，如图 1-14（c）所示。这就是微分作用的特点。

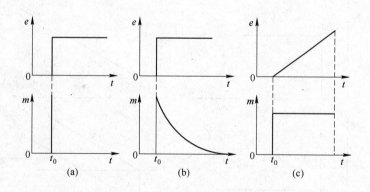

图 1-14 微分调节器的动态特性
（a）理想微分作用特性；（b）实际微分作用特性；（c）等速偏差时微分作用特性

可见，这种调节器使用在控制系统中，即使偏差很小，但只要出现变化趋势，即可马上进行控制，故微分作用也被称之为"超前"控制作用。但它的输出只与偏差信号的变化速度有关。如有偏差存在但不变化，则微分输出为零，故微分控制不能消除静差。所以微分调节器不能单独使用，它常与比例或比例积分控制作用组合，构成比例微分（PD）或比例积分微分（PID）调节器。

B 比例微分（PD）控制作用

对于容量滞后较大的对象，在比例作用的基础上引入微分作用，可以改善控制的质量。理想的比例微分调节器的控制作用为：

$$m = K_P(e + T_D \frac{de}{dt}) \tag{1-12}$$

从上式可看出，比例微分调节器是在比例作用的基础上再加上微分作用，其输出 m 为两部分作用之和。理想的比例微分控制作用的动态特性如图 1-15（a）所示。由图可见，当输入信号 e 为一阶跃变化时，输出信号 m 立即升至无限大并瞬时消失，余下便为比例作用的输出。

为了更明显地看出微分成分的作用，设输入为一等速上升的偏差信号 $de/dt = V_0$。当调节器只有比例作用时，其动态特性如图 1-15（b）中 P 曲线，当加入微分作用后，则理想的调节器输出动态特性如图 1-15（b）中 PD 曲线。

比较图 1-15（b）中 P 和 PD 两条动态特性曲线可以看出，当偏差 e 以等速变化时，如果没有微分作用而只有纯比例作用，则输出就是图 1-15（b）中 P 曲线。如果没有比例作用而只有微分作用，则输出就是一个阶跃变化 D 曲线。由于输入以等速变化，故微分输出也一直维持某一数值不变。从图还可看出，在同样输入作用下，单纯比例作用的输出要较比例加微分的小。由于有了微分作用，当 $t = t_1$ 时，输出可以达到 m_1 位置；而单靠比例作用，要使 $m = m_1$，就要等到 $t = t_2$ 时。可见加上微分之后，总的输出加大了，相当于控制作用超前了，超前的时间为 $t_2 - t_1 = T_D$，超前时间即微分时间 T_D。

比例微分调节器有两个整定参数，即比例带 P_δ 和微分时间 T_D。

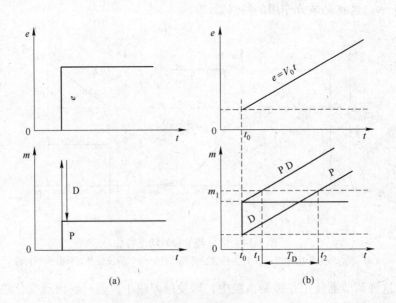

图 1-15 比例微分调节器的动态特性
(a) 理想特性；(b) 实际特性

在生产实际中，一般温度控制系统惯性比较大，常需加微分作用，这样可提高系统的控制质量。而在压力、流量等控制系统中，则多不加微分作用。

1.4.2.4 比例积分微分 (PID) 控制作用

比例微分控制作用因不能消除静差，故系统的控制质量仍然不够理想。为了消除静差，常将比例、积分、微分三种作用结合起来，构成比例积分微分（PID）三作用调节器，从而可以得到比较满意的控制质量。PID 控制作用的特性方程可由下式表示：

$$m = K_P\left(e + \frac{1}{T_I}\int e\,dt + T_D\frac{de}{dt}\right) \tag{1-13}$$

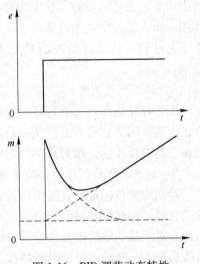

当有一个阶跃偏差信号输入时，PID 调节器的输出信号等于比例、积分和微分作用三部分输出之和，如图 1-16 所示。在输入阶跃信号后，微分作用和比例作用同时发生，PID 调节器的输出 m 突然发生大幅度的变化，产生一个较强的控制作用，这是比例基础上的微分控制作用，然后逐渐向比例作用下降；接着又随时间上升，这是积分作用，直到偏差完全消失为止。所以，对于一般的自动控制系统，常常将比例、积分和微分三种作用结合起来，可以得到较满意的控制质量。

PID 调节器的整定参数有：比例带（P_δ），积分时间（T_I）和微分时间（T_D）。根据被控对象的特性，将三者配合适当，即可既能避免过分振荡，又能获得消除静差的结果，并且还能在控制过程中加强控制作用，减少动态偏差。所以三作用调节器是一种被广泛应用的较为完善的调节器。

图 1-16 PID 调节动态特性

1.5 单回路控制系统

单回路控制系统如图 1-17 所示，它由被控对象、测量组件、变送器、调节器和执行器（调节阀）组成，它是最基本的而且在冶金生产中使用最为广泛的一种控制系统。

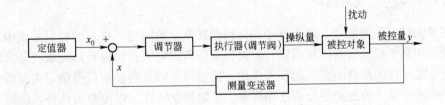

图 1-17 单回路控制方框图

常见于温度、流量、压力和液位等参数的控制。在选择控制方案时，只有在简单控制系统不能满足生产过程控制要求时，才考虑采用两个以上回路组成的复杂控制系统。

1.5.1 被控量与操纵量的选择

在图 1-17 中，操纵（变）量是被控对象的输入信号，被控（变）量是其输出信号。

一旦被控量和操纵量选定后，控制通道的对象特性就定了下来。选择什么参数作为被控量和操纵量，这是构成控制方案首先要解决的问题。如果选择不当，不管配备多么精确的自动化仪表，也得不到好的效果。

1.5.1.1　被控量的选择

被控量的选择是十分重要的，应该从生产过程对自动控制的要求出发，合理选择。生产过程中影响正常操作的因素很多，但并非所有影响的因素都要进行控制。应该选择那些与生产工艺关系密切的参数作为被控量，它们应是对产品质量、产量和安全具有决定性的作用，而人工操作又难以满足要求或者若要满足要求劳动强度很大的变量。为此，必须熟悉工艺过程，从对自动控制的要求出发，合理选择被控量。这里提出几个选择的基本原则。

A　以工艺控制指标（温度、压力、流量等）作为被控量

工艺控制指标是能够最好地反映工艺所需状态变化的参数，通常可按工艺操作的要求直接选定，因为它们为工艺某一目的服务是清楚的，大多数单回路控制系统就是这样，例如换热器温度控制，泵的流量控制等。

B　以产品质量指标作为被控量

产品质量指标是最直接也是最有效的控制，例如硫酸工厂的沸腾焙烧炉烟气中二氧化硫的含量，加热炉燃料燃烧后炉气中氧的含量等，都是反映工艺或热工过程的质量指标。然而，对于某些质量指标，目前尚缺乏在线的检测或分析工具，往往无法获得直接信号或者滞后很大。这时只好采用间接指标作为被控量。在选择间接指标时，要注意它与直接指标之间必须有单值的函数关系，例如锌精矿沸腾焙烧炉的炉温控制，它是反映焙砂质量的一个间接指标。沸腾层温度稳定在 $870 \pm 10 ℃$ 时，焙砂中可溶锌含量达 $94\% \sim 95\%$，因此它是沸腾炉工艺操作和控制的主要参数。

另外，作为被控量，必须能够获得检测信号并有足够大的灵敏度，且滞后要小，否则无法得到高精度的控制质量。选择被控量时，还必须考虑工艺流程的合理性和国内仪表生产的现状。

1.5.1.2　操纵变量的选择

当对象的被控量确定后，接着就是如何选择操纵量的问题。在自动控制系统中，扰动是影响系统正常平稳运行的破坏因素，使被控量偏离设定值；操纵量是克服扰动影响、使系统重新平稳运行的积极因素，起校正作用，使被控量回复到设定值或稳定在新值上，这是一对矛盾的变量。为此必须分析扰动因素，了解对象特性，以便合理选择操纵量，组成一个可控性良好的控制系统。

一般操纵变量的选择，原则上可以归纳为以下几点：

（1）选择操纵变量应以克服主要扰动最有效为原则考虑。

（2）在选择操纵变量时，应使扰动通道的时间常数大些；而使控制通道的时间常数适当地小些。控制通道的纯滞后时间越小越好。

（3）被选上的操纵变量的控制通道，放大系数要大，这样对克服扰动较为有利。

（4）应尽量使扰动作用点靠近调节阀处。靠近调节阀处或远离检测组件，可减小对被控量的影响。

（5）被选上的操纵变量应对装置中其他控制系统的影响和关联较小，不会对其他控制系统的运行产生较大的扰动等。

（6）操纵量的选择不能单纯从自动控制角度出发，还必须考虑生产过程的合理性等。

另外要组成一个好的控制系统，除了正确选择被控变量和操作变量外，还应注意测量信号在传递过程中的滞后，主要是指气动仪表的气压信号在气路中传递滞后。电信号传递的滞后可忽略不计。

一般工厂大多数采用电动控制系统，但也有一部分采用电-气混合系统，即测量变送器和调节器采用电动仪表，执行器采用气动调节阀，在调节器与调节阀之间设置电-气转换器。为了减小气压信号的传递滞后，应尽量缩短气压信号管线的长度。将电-气转换器靠近调节阀安装或采用电气阀门定位器。

1.5.2 调节器控制作用的选择

调节器控制作用的选择必须根据控制系统的特性和工艺要求，还应考虑节约投资和操作方便。实践证明，同一个控制系统使用于不同的生产过程，其控制质量往往差别较大，这种情况与调节器控制作用的选取是否合理有重要关系，下面简单介绍调节器控制作用选择时参考的一些原则：

（1）位式调节器是一种价廉且性能简单的调节器，它适用于控制质量要求不高的场合，以及对象的容量滞后或时间常数较大，纯滞后小，负荷变化不大也不剧烈的场合，例如恒温箱、电阻炉等的温度控制。

（2）比例调节器适用于负荷变化较小，纯滞后不太大、时间常数较大、被控量允许有静差的系统，例如贮液罐的液位、气体和蒸汽总管的压力控制等。

（3）比例积分调节器适用于控制通道纯滞后较小、负荷变化不大、时间常数不太大、被控量不允许有静差的系统，例如流量、压力以及要求严格的液位控制系统。对于纯滞后和容量滞后都比较大的对象，或者负荷变化特别强烈的对象，由于积分作用的迟缓性质，往往使得控制作用不及时，过渡时间较长，且超调量也较大，在这种情况下就应考虑增加微分作用。

（4）比例积分微分调节器用于容量滞后较大的对象，或负荷变化大且不允许有静差的系统，可获得满意的控制质量，例如温度控制系统。但微分作用对大的纯滞后并无效果，因为在纯滞后时间内，调节器的输入偏差变化速度为零，微分控制部分不起作用。如果对象控制通道纯滞后大且负荷变化也大，而单回路控制系统无法满足要求时，就要采用复杂的控制系统来进一步加强抗干扰能力，以满足生产工艺的需要。

1.5.3 调节器参数的工程整定

当控制系统组成后，对象各通道的静态和动态特性就决定了，控制质量就主要取决于调节器参数的整定。调节器参数的工程整定，就是按照已定的控制回路，适当选择调节器的比例带 P_δ、积分时间 T_I 和微分时间 T_D，以获得满意的过渡过程，即过渡过程要有较好的稳定性与快速性。一般希望过渡过程具有较大的衰减比，超调量要小些，调节时间越短越好，又要没有静差。对于定值控制系统，一般希望有 4 : 1 的衰减比，即过程曲线振动一个半波就大致稳定。当对象时间常数太大，调整时间太长时，可采用 10：1 衰减。有了以上最佳标准，就可整定控制器参数在最佳值上。

最常用的工程整定方法有临界比例带法、衰减曲线法、经验法和反应曲线法等。

1.5.3.1　临界比例带法

临界比例带法是应用较广的一种整定调节器参数的方法。它的特点是不需要求得被控对象的特性，而直接在闭环情况下进行参数整定。具体整定方法如下：先在纯比例作用下，即将控制器的 T_I 放到最大，T_D 置于零，逐步地减小比例带 P_δ，直至系统出现等幅振荡为止，记下此时的比例带和振荡周期，分别称为临界

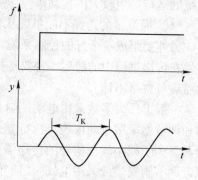

图 1-18　临界振荡过程曲线

比例带 P_K 和临界振荡周期 T_K，如图 1-18 所示。P_K 和 T_K 就是控制器参数整定的依据。然后可按表 1-1 中所列的经验算式，分别求出三种不同情况下的控制器最佳参数值。

表 1-1　临界比例带法参数计算表

控制作用	$P_\delta / \%$	T_I / min	T_D / min
比例	$2P_K$		
比例积分	$2.2P_K$	$0.85T_K$	
比例积分微分	$1.7P_K$	$0.5T_K$	$0.125T_K$

采用本法应注意以下几点：

（1）在寻求临界状态时，应格外小心。因当比例带小于临界值 P_K 时，会出现发散振荡，可能使被控量超出工艺要求的范围，造成不应有的损失。

（2）对于工艺上约束严格，不允许等幅振荡的场合，不宜采用此法。

（3）当比例带过小时，纯比例控制接近于双位控制，对于某些生产工艺不利，也不宜采用此法。例如，一个用燃料油加热的炉子，如果比例带很小，接近了双位控制，将时而熄火，时而烟囱冒浓烟。

1.5.3.2　衰减曲线法

临界比例带法是要使系统产生等幅振荡，还要多次试凑，而用衰减曲线法较为简单，而且可直接求得调节器比例带。衰减曲线法分为 4：1 和 10：1 两种。

A　4：1 衰减曲线法

令系统处于纯比例作用，在达到稳定时，用给定值改变的方法加入阶跃干扰，观察被控变量记录曲线的衰减比，然后逐渐从大到小改变比例带，直至出现 4：1 的衰减比，如图 1-19（a）所示。记下此时的比例带 P_S（4：1 衰减比例带）和它的衰减周期 T_S。然后按表 1-2 的经验公式确定三种不同规律控制下的调节器的最佳参数值。

B　10：1 衰减曲线法

有的生产过程，即使采用 4：1 的衰减仍嫌振荡太强，这样的过程则可采用 10：1 衰减曲线法。方法同上，使被控变量记录曲线得到 10：1 的衰减，记下这时的比例带 P_S' 和上

升时间 T_A，如图 1-19（b）所示。然后再按表 1-3 的经验公式来确定调节器的最佳参数值。

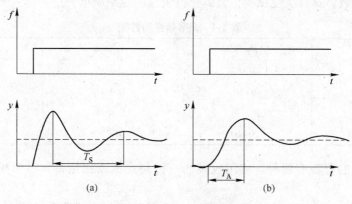

图 1-19 4∶1 和 10∶1 衰减过程曲线
(a) 4∶1；(b) 10∶1

用衰减曲线法时必须注意以下几点：

（1）加给定干扰不能太大，要根据工艺操作要求来定，一般为 5% 左右（全量程），但也有特殊的情况。

（2）必须在工况稳定的情况下才能加给定干扰，否则得不到正确的 P_S、T_S 和 P_S'、T_A 值。

（3）对于快速反应的系统，如流量、管道压力等控制系统，想在记录纸上得到理想的 4∶1 曲线是不可能的。此时，通常以被控量来回波动两次而达到稳定，就近似地认为是 4∶1 的衰减过程。

表 1-2 4∶1 法调节器参数计算表

控制作用	$P_\delta/\%$	T_I/min	T_D/min
比例	P_S		
比例积分	$1.2P_S$	$0.5T_S$	
比例积分微分	$0.8P_S$	$0.3T_S$	$0.1T_S$

表 1-3 10∶1 法调节器参数计算表

控制作用	$P_\delta/\%$	T_I/min	T_D/min
比例	P_S'		
比例积分	$1.2P_S'$	$2T_A$	
比例积分微分	$0.8P_S'$	$1.2T_A$	$0.4T_A$

1.5.3.3 经验试凑法

经验法是根据参数整定的实际经验，对生产上最常见的温度、流量、压力和液位等四大控制系统进行调节。将调节器参数预先放置在常见范围（见表 1-4）的某些数值上，然后改变设定值，观察控制系统的过渡过程曲线。如过渡过程曲线不够理想，则按一定的程序改变调节器参数，这样反复试凑，直到获得满意的控制质量为止。

表 1-4　调节器经验数据

调节系统	$P_\delta/\%$	$T_I/\min$	$T_D/\min$
温度	$20 \sim 60$	$3 \sim 10$	$0.5 \sim 3$
流量	$40 \sim 100$	$0.1 \sim 1$	
压力	$30 \sim 70$	$0.4 \sim 3$	
液位	$20 \sim 80$	$1 \sim 5$	

经验试凑法的程序有两种。应用较多的一种是先试凑比例带，再加积分，最后引入微分。

这种试凑法的程序为：先将 T_I 置于最大，T_D 放在零，比例带 P_δ 取表 1-4 中常见范围内的某一数值后，把控制系统投入自动。若过渡过程时间太长，则应减小比例带；若振荡过于剧烈，则应加大比例带，直到取得较满意的过渡过程曲线为止。

引入积分作用时，需将已调好的比例带适当放大 $10\% \sim 20\%$，然后将积分时间 T_I 由大到小不断试凑，直到获得满意的过渡过程。

微分作用最后加入，这时 P_δ 的值可取比纯比例作用时更小些，积分时间 T_I 也可相应地减小些。微分时间 T_D 一般取（$1/3 \sim 1/4$）T_I，但也需不断地试凑，使过渡过程时间最短，超调量最小。

另一种试凑法的程序是：先选定某一 T_I 和 T_D，T_I 取表 1-4 中所列范围内的某个数值，T_D 取（$1/3 \sim 1/4$）T_I，然后对比例带 P_δ 进行试凑。若过渡过程不够理想，则可对 T_I 和 T_D 作适当调整。实践证明，对许多被控对象来说，要达到相近的控制质量，P_δ、T_I 和 T_D 不同数值的组合有很多，因此，这种试凑程序也是可行的。

经验试凑法的几点说明如下：

（1）表 1-4 中所列的数据是各类控制系统控制器参数的常见范围，但也有特殊情况。例如有的温度控制系统的积分时间长达 15 min 以上，有的流量系统的比例带 P_δ 可大到 200% 左右等。

（2）凡是 P_δ 太大，或 T_I 过大时，都会使被控变量变化缓慢，不能使系统很快地达到稳定状态。

（3）凡是 P_δ 过小，T_I 过小或 T_D 过大，都会使系统剧烈振荡，甚至产生等幅振荡。

（4）等幅振荡不一定都是由于参数整定不当所引起的。例如，阀门定位器、控制器或变送器调校不良，调节阀的传动部分存在间隙，往复泵出口管线流体回流等，都表现为被控量的等幅振荡。因此，整定参数时必须联系上面这些情况，作出正确判断。

经验法的实质是：看曲线，作分析，调参数，寻最佳，方法简单可靠，对外界干扰比较频繁的控制系统，尤为合适。因此，在实际生产中也得到了广泛的应用。

1.6　系统投运和故障判别

1.6.1　投运步骤

自动控制系统的投运，是控制系统投入生产实现自动控制的最后一步工作。如果没把组成系统各环节的仪表性能调节好，正确地做好投运的各项准备工作，那么再好的控制方案也将无法实现。控制系统由各种电动或气动仪表组成，各种仪表的原理、安装和使用方法不尽相同，但无论选用什么样的仪表装置，大致的投运步骤均为准备、手动遥控和自动操作。

1.6.1.1 准备工作

准备得越充分，事前考虑越全面，则在投运时越主动。准备工作大体上分几个方面：熟悉工艺过程，了解主要工艺流程及主要设备的功能、控制指标和要求，以及各种工艺参数之间的关系；熟悉控制方案，全面掌握设计意图，对检测组件和调节阀的安装位置、管线走向、测量参数和操纵量的性质等都要心中有数；熟悉自动化仪表的工作原理和结构，掌握调校技术；检测组件、变送器、调节器、调节阀和其他仪表装置，以及电源、气源、管路和线路要进行全面检查。仪表虽在安装前已校验合格，投运前仍应在现场校验一次。

1.6.1.2 手动遥控

准备工作完毕，先投运测量仪表，观察测量指示是否正确，再看被控量读数变化，用手动遥控使被控量在设定值附近稳定下来。

1.6.1.3 自动操作

待工况稳定后，放置好调节器参数 P_δ、T_I、T_D 的预定值（关于整定参数的选择在前一节已讨论），由手动切换到自动，实现自动操作，同时观察被控量记录曲线是否合乎工艺要求。若曲线出现两次波动后就稳定下来（4∶1衰减曲线），便认为可以了，若曲线波动太大，再按上一节叙述的整定参数方法，调整调节器的各参数值，直到获得满意的过程曲线为止。

1.6.2 系统运行中的故障判别

控制系统顺利投运，则说明控制方案设计合理，仪表及管线安装正确，工作正常。但在长期运行中，仪表或工艺有时都会出现故障，使记录曲线发生变化。到底是工艺问题还是仪表自动装置的原因而造成曲线变化，这要进行判别，操作人员要有所了解。简单判别方法如下：

1.6.2.1 比较记录曲线的前后变化

通常工艺参数的变化是比较缓慢的、有规律的各个工艺参数之间往往又是互相关联的，一个参数大幅度变化，一般总要引起其他参数的明显变化。因此，如果观察记录曲线突然大幅度变化，而其他相关参数并无什么变化时，则该记录仪表或有关装置可能有故障。

目前生产中所用的仪表，其灵敏度都比较高，对工艺参数的微小变化，或多或少总能反映一些出来。若是记录曲线在较长时间内呈现一条直线，或者原来有波动的曲线突然变成直线形状，则可能是仪表有了故障。这时可以人为地改变一下工艺条件，看仪表有无反应，如果仍然无反应，则肯定是仪表有故障。

1.6.2.2　比较控制室与现场同位号仪表的指示值

如对控制室仪表的指示值发生怀疑，操作人员可到现场生产岗位上，直接观察同位号（或相近位号）就地安装的各种仪表（如弹簧管压力计、玻璃温度计等）的指示，比较两者指示值是否相近。若是两者差别很大，则仪表肯定有了故障。

1.6.2.3　比较相同仪表之间的指示值

有些工厂的中心调度室里或车间控制室里，对一些重要的工艺参数，往往采用两台仪表同时进行检测显示。如果这两台仪表不能同时发生变化，就说明其中有一台仪表出现了故障。

总之，当记录曲线发生异常波动时，要从仪表和工艺两方面去找原因，不能只从一个角度去查问题。工艺操作和仪表操作的人员要密切合作，正确地迅速地作出故障判断后，再采取相应的措施。

如果问题出现在仪表自动化装置方向，首先就要特别注意检测组件和调节阀是否正常工作，特性有无变化，例如热电偶保护管被腐蚀或被熔体包裹，压差计导压管被堵塞等。这些因素会使测量滞后变大，调节质量下降，记录曲线波动就要变大。又如调节阀受介质的冲击和腐蚀，阀芯、阀座变形，造成流通面积变大，使控制系统不能稳定地工作。

如果问题出现在工艺方面，就应考虑对象特性有无变化，例如换热器管壁结垢而增大热阻，降低传热系数，对象的时间常数和滞后都会增大，致使控制质量变坏。这时，可重新整定调节器参数，一般仍可获得较好的过渡过程。工艺操作不正常，会给控制系统带来很大影响，情况严重时，只能转入手动遥控。

复习思考题

1-1　什么叫反馈，单回路闭环负反馈控制系统是如何组成的，它的控制特点是什么？

1-2　什么叫定值控制、程序控制、随动控制？试举例说明它们在生产中的应用。

1-3　为什么要研究控制系统的过渡过程，衰减振荡形式过渡过程的品质指标有哪些，这些指标对生产有何影响？

1-4　什么叫对象特性，为什么要研究对象特性？

1-5　反应对象的特性参数有哪些，它们各说明什么问题？

1-6　试画出存在传递滞后、单容对象的飞升曲线和存在传递滞后、容量滞后双容对象的飞升曲线，并做出时间常数 T。

1-7　调节器有哪些基本控制作用？

1-8　双位控制作用有何特点，适用于什么场合？

1-9　什么是比例控制作用，为什么说比例控制会产生静差？

1-10　为什么说积分控制作用具有"滞后特性"，微分控制作用具有"超前特性"？

1-11　试比较调节器参数工程整定几种方法的特点和适用场合。

1-12　叙述仪表故障的简单判别方法。

2 单回路控制与简单计算机控制

2.1 单回路控制系统简述

控制系统如图 2-1 所示，由被控对象、检测元件、变送器、控制器和执行器（控制阀）等构成，只具有一个闭合回路的系统为单回路控制系统。这种控制系统结构简单，故也称为简单控制系统。

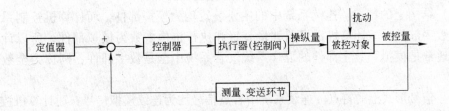

图 2-1 单回路控制系统方框图

单回路控制系统是工业生产中使用最普遍的一种控制系统，常见的温度、流量、压力和液位等参数的控制大都采用这种形式。在选择控制方案时，只有在简单控制系统不能满足生产过程的控制要求时，才考虑采用两个以上回路组成的复杂控制系统。

2.2 简单计算机控制系统

将前面介绍过的单闭环反馈控制系统中的控制器（调节器）用计算机来代替，就构成了计算机控制系统，其基本框图如图 2-2 所示。

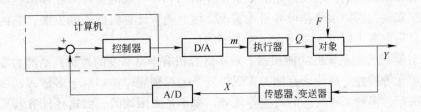

图 2-2 计算机控制系统基本框图
m—控制量；Y—被控量；Q—操作量；F—扰动量

控制系统中引入计算机，就可以充分利用计算机强大的算术运算、逻辑运算及记忆等功能，运用计算机指令系统，编出符合某种控制规律的程序。计算机执行这样的程序，就能实现被控参数的控制。在计算机控制系统中，程序是无形的，通常称为软件，而设备是有形的，通常称为硬件。在常规控制系统中，系统的控制规律由硬件决定，改变控制规律必须变更硬件，而计算机控制系统中控制规律的改变只需改变软件编排就可以了。

计算机控制系统中输入输出信号都是数字信号，因此在这种控制系统中，输入端必须加 A/D 转换器，将模拟信号转换为数字信号，在输出端必须加 D/A 转换器，将数字信号转换为模拟信号。

从本质上讲，计算机控制系统的控制过程可归结为实时数据采集、实时决策和实时控制三个步骤进行。三个步骤不断重复就会使整个系统按照给定的规律进行工作，同时也可以对被控变量及设备运行状况进行监督、超限报警及保护。对计算机来讲，控制过程的三个步骤，实际只是执行输入操作、算术逻辑运算、输出操作。上面是从单闭环反馈控制系统的角度来介绍计算机控制系统。

2.3　计算机控制与常规控制比较

计算机控制系统相对连续控制系统而言，其主要特点有：

（1）结构上的特点。连续系统中的主要装置均为模拟部件，而计算机控制系统必须包含有数字部件——计算机，目前测量装置和执行机构多数为模拟部件，所以计算机控制系统通常是模拟和数字部件的混合系统。若系统中全是数字部件，则称为全数字控制系统。

（2）信号形式上的特点。连续系统中各点信号均为连续模拟信号，而计算机控制系统中有多种信号形式，它除有连续模拟信号以外，还有离散模拟，离散数字，连续数字等信号形式。

（3）工作方式上的特点。在连续控制系统中，一个控制回路配有一个控制器，而计算机控制系统中一个控制器（数字计算机）经常可以同时为多个控制回路服务。它利用依次巡回的方法实现多路串行控制。为了节约巡回时间，充分发挥硬件作用，常采用分时并行控制，即在同一时间内，计算机、A/D 与 D/A 三个部件针对三个不同回路均在工作。随着微型计算机的迅猛发展，大型计算机控制系统纷纷问世，它们采取分散和集中相结合的多层次控制。在分层控制中，基层控制回路常采用控制器和被控对象一一对应的关系，而在高层都是采用一对多的方式，这时就需要考虑分时控制问题。

计算机控制系统的控制规律是由数字计算机的软件实现的，许多在模拟控制系统中不能或者很难实现的控制策略都可容易地实现，因此随着计算机的不断发展，它的优点已越来越突出。目前看来以下一些优点是较明显的：

（1）计算机控制系统的功能很强。数字计算机有丰富易变的逻辑判断能力和大容量的信息存贮单元等特性，这使它有能力实现极复杂的控制规律，如对于多输入、多输出系统实现多重决策，多种工作状态的转换等任务，都不是太困难的。而这些任务若要用模拟控制器来实现就很困难了。

（2）计算机控制系统的功能/价格比值高，而且灵活性和适应性强。对连续控制系统来说，控制规律越复杂，所需要的硬件也往往越多越复杂。模拟硬件的成本几乎和控制规律复杂程度成正比。若要修改控制规律，一般非改变硬件结构、参数不可。而在计算机控制系统中，由于计算机是一个可编程的智能元件，修改一个控制规律，无论是复杂的，还是简单的，一般只需修改软件，而硬件结构几乎无需作根本的变化。

比较图 2-1 与图 2-2，可以看出，它们的测量变送、驱动执行装置是一致的。测量变送环节已在检测仪表中有所叙述，而驱动执行装置，包括执行器和调节阀门等，将在下面介绍。

2.4 执行器

2.4.1 概述

执行器是过程控制系统中驱动执行装置的组成部分，它的作用是接受控制信号，并转换成直线位移或角位移来改变调节阀的流通面积，以改变被控参数的流量，控制流入或流出被控对象的物料或能量，从而实现对过程参数的自动控制，使生产过程满足预定的要求。

执行器安装在现场，直接与工艺介质接触，通常在高温、高压、高黏度、强腐蚀、易结晶、易燃易爆、剧毒等场合下工作，如果选用不当，将直接影响过程控制系统的控制质量，或者使整个控制系统不能可靠工作，甚至造成严重事故。

执行器按所驱动的能源来分，有电动执行器、气动执行器、液动执行器三大类产品。电动执行器能源取用方便，动作灵敏，信号传输速度快，适合于远距离的信号传送，便于和电子计算机配合使用。但电动执行器一般来说不适用于防火防爆的场合，而且结构复杂，价格贵。

气动执行器是以压缩空气作为动力能源的执行器，具有结构简单、动作可靠、性能稳定、输出力大、成本较低、安装维修方便和防火防爆等优点，在过程控制中获得最广泛的应用。但气动执行器有滞后大、不适于远传的缺点，为了克服此缺点，可采用电-气转换器或阀门定位器，使传送信号为电信号，现场操作为气动，这是电-气结合的一种形式，也是今后发展的方向。

液动执行器的推力最大，但由于各种原因在工业生产过程自动控制系统中目前使用不广。因此，本章仅介绍常用的电动执行器和气动执行器。

2.4.2 电动执行器

2.4.2.1 电动执行器的作用

电动执行器是电动调节系统中的一个重要组成部分。它接受来自电动调节器输出的4~20mA DC信号，并将其转换成为适当的力或力矩，去操纵调节机构，从而达到连续调节生产过程中有关管路内流体流量的目的。当然，电动执行器也可以调节生产过程中的物料、能源等，以实现自动调节。

电动执行器是由电动执行机构和调节机构两部分组成，其中将电动调节器来的控制信号转换成为力或力矩的部分为电动执行机构；而各种类型的调节阀或其他类似作用的调节设备则统称调节机构。调节机构使用得最普遍的是调节阀，它与气动执行器用的调节阀完全相同。

2.4.2.2 电动执行器的工作原理

接受4~20mA DC信号的电动执行器，是以两相异步伺服电动机为动力的位置伺服机构，根据配用的调节机构的不同，输出方式有直行程、角行程和多转式三种类型，各种电动执行机构的构成及工作原理完全相同，差别仅在于减速器不一样。

电动执行机构的组成框图如图 2-3 所示，它由伺服放大器和执行机构两部分组成。执行机构又包括两相伺服电动机、减速器和位置发送器。

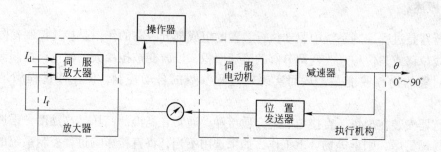

图 2-3　电动执行机构框图

伺服放大器的作用是综合输入信号和反馈信号，并将该结果信号加以放大，使之有足够大的功率来控制伺服电动机的转动。根据综合后结果信号的极性，放大器应输出相应极性的信号，以控制电动机的正、反运转。

伺服电动机是执行器的动力装置，它将电功率变为机械功率以对调节机构做功。但由于伺服电机转速高，满足不了较低的调节速度的要求，输出力矩小带动不了调节机构，故必须经过减速器将高转速、小力矩转化为低转速大力矩的输出。

位置发送器的作用是输出一个与执行器输出轴位移成比例的电信号，一方面借电流来指示阀位，另一方面作为位置反馈信号至输入端，使执行器构成一个位置反馈系统。

来自调节器的电信号 I_d 作为伺服放大器的输入信号，与位置反馈信号 I_f 进行比较，其差值（正或负）经放大后去控制两相伺服电动机正转或反转，再经减速器减速，使输出产生位移，即改变调节阀的开度（或挡板的角位移）。与此同时，输出轴的位移又经位置发送器转换成电流信号 I_f，作为反馈信号，被返回到伺服放大器的输入端。当反馈信号 I_f 与输入信号 I_d 相等时，电动机停止转动，这时调节阀的开度就稳定在与调节器输出信号 I_d 成比例的位置上。

如输入电信号增加，则输入信号与反馈信号的差值为正极性，伺服放大器控制电动机正转；相反，输入电流信号减小，则差值信号为负，伺服放大器控制电动机反转，即电动机可根据输入信号与反馈信号差值的极性产生正转或反转，以带动调节机构进行开大或关小阀门。

在实际控制系统中，执行器根据调节器的调节信号去控制阀门，要求执行器的正转或反转能反映调节器偏差信号的正负极性。为此在系统投入自动运行前，用手动操作控制，使被调参数接近给定值，而调节阀处于某一中间位置。由于调节器的自动跟踪作用。在手动操作时已有一相应的输出电流，其大小为 4~20mA DC 中的某一数值。故当系统切换到自动后，若偏差信号为正，则调节器输出电流增加，执行器的输入信号大于位置反馈信号，电动机正转，反之，偏差信号为负，调节器输出电流减小，电动机反转。所以电动机的正反转是受偏差信号极性控制的。

下面对电动执行机构的两个部分伺服放大器和执行机构分别进行介绍。

2.4.2.3　伺服放大器

伺服放大器是由前置磁放大器、触发器，可控硅主回路及电源等部分组成。如图 2-4 所示为伺服放大器的原理框图。

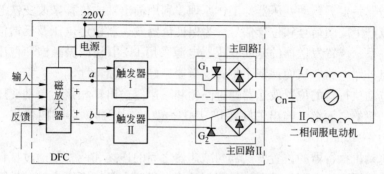

图 2-4　伺服放大器方框图

伺服放大器有三个输入通道和一个反馈通道，可以同时输入三个输入信号和一个反馈信号，以满足复杂控制系统的要求。一般简单控制系统中只用一个输入通道和一个反馈通道。

前置级磁放大器是一个增益很高的放大器，来自调节器的输入信号和位置反馈信号在磁放大器中进行比较，当两者不相等时，放大器把偏差信号进行放大，根据输入信号与反馈相减后偏差的正负，在放大器 a、b 两点产生两位式的输出电压，控制两个晶体管触发电路中一个工作，一个截止，使主回路的可控硅导通，两相伺服电动机接通电源而旋转，从而带动调节机构进行自动控制。可控硅在电路中起无触点开关作用。伺服放大器有两组开关电路，即触发器与主回路有两套，各自分别接受正偏差或负偏差的输入信号，以控制伺服电动机的正转或反转。与此同时，位置反馈信号随电动机转角的变化而变化，当位置反馈信号与输入信号相等时，前置放大器没有输出，伺服电机停转。

2.4.2.4　执行机构

执行机构由两相交流伺服电机、位置发送器和减速器组成。执行机构方框图如图 2-3 所示。

A　伺服电机

伺服电机是执行机构的动力部分，它是采用冲槽硅钢片迭成的定子和鼠笼转子组成的两相伺服电动机。定子上具有两组相同的绕组，靠移相电容使两相绕组中的电流相位相差 90°，同时两相绕组在空间也差 90°，因此构成定子旋转磁场。电机旋转方向，视两相绕组中电流相位的超前或滞后而定。

B　减速器

伺服电动机转速较高，输出转矩小，转速一般为 600～900r/min，而调节机构的转速较低，输出转矩大，输出轴全行程（90°）时间一般为 25s，即输出轴转轴转速为 0.6r/min。因此伺服电动机和调节机构之间必须装有减速器，将高转速、低转矩变成低转速、高转矩，伺服电动机和调节机构之间一般装有两级减速器，减速比一般为（1000～1500）∶1。

减速器采用平齿轮和行星减速机混合的传动机构。其中平齿轮加工简单，传动效率高，但减速器体积大，行星减速机构具有体积小、减速比大，承载力大、效率高等优点。

C　位置发送器

位置发送器是根据差动变压器的工作原理，利用输出轴的位移来改变铁芯在差动线圈中的位置，以产生反馈信号和位置信号。为保证位置发送器稳定供压及反馈信号与输出轴位移呈线性关系，位置发送器的差动变压器电源采用 LC 串联谐振磁饱和稳压，并在发送器内设置零点补偿电路，从而保证了位置发送器良好的反馈特性。

角行程电动执行器的位置发送器通过凸轮和减速器输出轴相接，差动变压器的铁芯用弹簧紧压在凸轮的斜面上，输出轴旋转 0°～90°，差动变压器铁芯轴向位移，位置发送器的输出电流为 4~20mA DC。

直行程电动机执行器的位置发送器与减速器之间的连接和调整是通过杠杆和弹簧来实现的，当减速器输出轴上下运动时，杠杆一端依靠弹簧力紧压在输出轴的端面上，使差动变压器推杆产生轴向位移，从而改变铁芯在差动变压器线圈中的位置，以达到改变位置发送器输出电流之目的。

D　操作器

操作器用来完成手动自动之间的切换、远方操作和自动跟踪无扰动切换等任务。根据它的功能不同有三种类型：

(1) 有切换操作、阀位指示、跟踪电流指示和中途限位；

(2) 有切换操作、阀位指示和跟踪电流；

(3) 有切换操作、阀位指示和跟踪电流，但无跟踪电流指示。

随着自动化程度的不断提高，对电动执行机构提出了更多的要求，如要求能直接与计算机连接、有自保持作用和不需数模转换的数字输入电动执行机构，伺服电动机采用了低速电机后，有利于简化电动执行机构的结构，提高性能，有利于进一步推广。

2.4.3　气动执行器

气动执行器是指以压缩空气为动力源的一种执行器。它接受气动调节器或电-气转换器、阀门定位器输出的气压信号，改变控制流量的大小，使生产过程按预定要求进行，实现生产过程的自动控制。

气动执行器由气动执行机构和调节机构（调节阀）两部分组成，如图 2-5 所示。

气动执行机构是气动执行器的推动部分，它按控制信号的大小产生相应的输出力，通过执行机构的推杆，带动调节阀的阀芯使它产生相应的位移（或转角）。

调节阀是气动执行器的调节部分，它与被控介质直接接触，在气动执行机构的推动下，阀芯产生一定

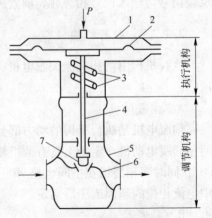

图 2-5　气动执行器示意图

1—上盖；2—膜片；3—平衡弹簧；

4—阀杆；5—阀体；

6—阀座；7—阀芯

的位移（或转角），改变阀芯与阀座间的流通面积，从而达到调节被控介质流量的目的。

气动执行机构有薄膜式执行机构、活塞式执行机构、长行程执行机构和滚筒膜片式执行机构等。在工程上，气动薄膜式执行机构应用最广。

气动薄膜式执行机构由膜片、推杆和平衡弹簧等部分组成。它通常接受 $0.2 \times 10^5 \sim 1.0 \times 10^5$ Pa 的标准压力信号，经膜片转换成推力，克服弹簧力后，使推杆产生位移，按其动作方式分为正作用和反作用两种形式。当输入气压信号增加时推杆向下移动称正作用；当输入气压信号增加时推杆向上移动称反作用。与气动执行机构配用的气动调节阀有气开和气关两种：有信号压力时，阀门开启的为气开式；而有信号压力时，阀门关闭的为气关式。气开、气关是由气动执行机构的正、反作用与调节阀的正、反安装来决定的。在工业生产中口径较大的调节阀通常采用正作用方式的气动执行机构。

气动执行机构的输出是位移，输入是压力信号，平衡状态时，它们之间的关系称为气动执行机构的静态特性，即：

$$pA = KL$$

$$L = \frac{pA}{K} \tag{2-1}$$

式中　p ——执行机构输入压力；

　　　A ——膜片的有效面积；

　　　K ——弹簧的弹性系数；

　　　L ——执行机构的推杆位移。

当执行机构的规格确定后，A 和 K 便为常数，因此执行机构输出的位移 L 与输入信号压力 p 成比例关系。当信号压力 p 加到薄膜上时，此压力乘上膜片的有效面积 A，得到推力，使推杆移动，弹簧受压，直到弹簧产生的反作用力与薄膜上的推力相平衡为止。显然，信号压力越大，推杆的位移也即弹簧的压缩量也就越大。推杆的位移范围就是执行机构的行程。气动薄膜执行机构的行程规格有：10mm、16mm、25mm、40mm、60mm、100mm 等，信号压力从 0.2×10^5 Pa 增加到 1.0×10^5 Pa，推杆则从零走到全行程，阀门就从全开（或全关）到全关（或全开）。

2.4.4　智能执行器简介

随着微电子技术和大规模集成电路以及超大规模集成电路的迅猛发展，微处理器被引入到控制阀中使之智能化，功能多样化，智能执行器便出现了。

智能执行器是智能仪表中的一种。它有电动和气动两类，每类又有多个品种。一般智能执行器的基本功能是信号驱动和执行，内含控制阀输出特性补偿、PID 控制和运算、阀门特性自检验和自诊断功能。由于智能执行器备有微机通信结构，故它可与上位控制器、变送器、记录仪等智能仪表一起联网，构成控制系统。

2.4.4.1　智能执行器特点

智能电动执行器按控制电源可分为单相和三相两大类，主要有如下特点：

（1）主要技术指标先进，超过以往的 DDZ-Ⅱ、Ⅲ型电动执行器，工作死区、基本误差、回差等指标已达到很高水平。

（2）采用了微处理器技术和数字显示技术，以智能伺服放大器取代传统的伺服放大器，以数字式操作器取代原有的模拟指针式操作器，具有自诊断、自调整和 PI 调节功能，功能强大，使用方便。

（3）增加了流量特性软件修正功能，使一种固有特性的控制阀可以拥有多种输出特性，使不能进行阀芯形状修正的阀也可改变流量特性，使非标准特性修正为标准特性。该功能将改变长期以来靠阀芯加工修正特性的现状。

（4）采用了电制动技术和断续调节技术，对具有自锁功能的执行机构可以取消机械摩擦制动器，大大提高了整机的可靠性。

2.4.4.2　主要技术指标

输入信号：0~10mA DC；4~20mA DC；RS~232。

位置发送信号：0~10mA DC；4~20mA DC；1kΩ 电位器。

输入通道：2 个（电隔离）。

基本误差：不超过±1%（单相）；不超过±2.5%（三相）。

死区：不超过 0.5%。

特性修正：固有特性——标准直线；

　　　　　固有特性——等百分比。

主要功能：工作方式选择、故障诊断与报警、电制动、PI 调节。

2.4.4.3　工作原理

现以单相智能电动执行器为例，其方框结构如图 2-6 所示。由图可以看出来自上位控制器或变送器的模拟信号，经处理后进入智能伺服放大器，智能伺服放大器中的微处理器定时检测该输入信号和位置反馈信号。当接受上位控制信号且不进行修正时，微处理器比较两个信号，一旦信号不平衡，偏差超出要求值，即发出控制信号，经放大隔离后驱动智能伺服放大器中的功率晶闸管，使其导通带动电动机转动，进而控制阀门开度，同时微处理器也将表示阀门开度的位置信号转换成相应的脉冲量发往操作器的显示器。操作人员可从数字操作器上观察阀门开度。

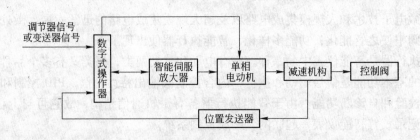

图 2-6　单相智能电动执行器的结构

当接收变送器信号进入 PI 调节工作方式时，微处理器是将变送器信号与给定值进行比较，并按预先设置好的产生 PI 进行计算并发出控制信号，控制阀门开度，直至两个信号达到平衡。

当进入特性修正工作方式时，微处理器将不再是仅比较两种信号是否相等，而是对信号按预先设置的特性参数进行计算，使输入信号与阀门位移呈要求的非线性关系。这样就使得改变控制阀流量特性变得很方便，为改善系统的稳定性提供新的方法。

三相智能电动执行器采用了智能单相电动执行器的主体部分，其对输入信号的处理、特性修正、故障诊断等都是一样的。只是对输出信号的处理和控制软件做了些改动。智能伺服放大器的输出进入三相功率转换器，由其转换成三相功率输出，再驱动三相伺服电动机工作。

2.4.4.4 控制阀流量特性修正

控制阀的种类、形状千差万别，其特性也各不相同。对一台控制阀来说，一旦加工、装配好，其位移与流量、压差的关系就固定下来了。如果用传统的电动执行器，只能如实的复现原控制阀的固有特性。智能电动执行器通过微处理器的计算、修正，可以相对改变控制阀的流量特性。

实现控制阀特性修正的基本原理是：输入控制阀的固有特性和所要达到的标准特性的必要参数，计算出达到标准特性时阀门的实际开度。通过修正可使控制阀的一种流量特性变为多种，使其固有特性不通过加工来改变阀门形状就可修正到所需的理想特性。

2.5 调节阀

调节阀是一种主要调节机构，它安装在工艺管道上直接与被测介质接触，使用条件比较恶劣，它的好坏直接影响控制质量。

2.5.1 工作原理

从流体力学的现象来看，调节阀是一个局部阻力可以变化的节流元件，由于阀芯在阀体内移动，改变了阀芯与阀座之间的流通面积，即改变了阀的阻力系数，使被控介质的流量相应改变，从而达到调节工艺参数的目的。根据能量守恒原理，对于不可压缩流体，可以推导出调节阀的流量方程式：

$$Q = \frac{A}{\sqrt{\xi}} \sqrt{\frac{2(p_1 - p_2)}{\rho}} \tag{2-2}$$

式中　Q——流体通过阀的流量；

　p_1，p_2——进口端和出口端的压力；

　A——阀连接管道的截面积；

　ρ——流体的密度；

　ξ——阀的阻力系数。

当 A 一定，（p_1-p_2）不变时，则流量仅随阻力系数而变化。阻力系数主要与流通面积（即阀的开度）有关，也即改变阀门的开度，就改变了阻力系数，从而达到调节流量的目的，阀开得越大，阻力系数越小，则通过的流量将越大。

2.5.2 种类

根据不同的使用要求，调节阀多种多样，各具不同特点，其中主要的有以下几种类型，如图 2-7 所示。

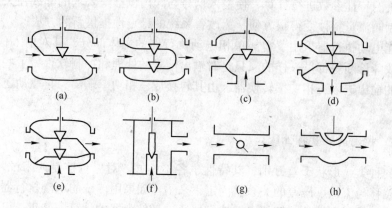

图 2-7 调节阀的主要类型示意图
（a）直通单座阀；（b）直通双座阀；（c）角形阀；（d）三通分流阀；（e）三通合流阀；
（f）高压阀；（g）碟阀；（h）隔膜阀

2.5.2.1 直通单座阀

直通单座阀阀体内只有一个阀芯和阀座，如图 2-7（a）所示。其特点是泄漏量小（甚至可以完全切断）和不平衡力大。因此，它适用于泄漏要求严的场合。

2.5.2.2 直通双座阀

直通双座阀阀体内有两个阀芯和阀座，如图 2-7（b）所示。双座阀的阀芯采用双导向结构，只要把阀芯反装，就可以改变它的作用形式。因为流体作用在上、下两阀芯上的不平衡力可以相互抵消，因此双座阀的不平衡力小。但上、下阀芯不易同时关闭，故泄漏量较大。双座阀适用于两端压差较大的、泄漏量要求不高的场合，不适用于高黏度和含纤维的场合。

2.5.2.3 角形阀

角形阀阀体为角形，如图 2-7（c）所示。其他方面的结构与单座阀相似，这种阀流路简单，阻力小、阀体内不易积存污物，所以特别有利于高黏度、含悬浮颗粒的流体控制，从流体的流向看，有侧进底出和底进侧出两种，一般采用底进侧出。

2.5.2.4 三通阀

三通阀阀体有三个接管口。适用于三个方向流体的管路控制系统，大多用于热交换器的温度调节、配比调节和旁路调节。在使用中应注意流体温度不宜过大，通常小于 150℃，否则会使三通阀产生较大应力而引起变形，造成连接处泄漏或损坏。

三通阀有三通分流阀（如图 2-7（d）所示）和三通合流阀（如图 2-7（e）所示）两种类型。三通合流阀为流体由两个输入口流进、混合后由一出口流出；三通分流阀为流体由一口进，分为两个出口流出。

2.5.2.5 高压阀

高压阀是专为高压系统使用的一种特殊阀门，如图 2-7（f）所示，使用的最大公称压力在 $320×10^5$Pa 以上，一般为铸造成型的角形结构。为适应高压差，阀芯头部可采用硬质合金或可淬硬钢渗铬等，阀座则采用可淬硬渗铬。

2.5.2.6 碟阀

碟阀又称翻板阀，如图 2-7（g）所示。适用于圆形截面的风道中，它的结构简单，特别适用于低压差大流量且介质为气体的场合，多用于燃烧系统的风量控制。

2.5.2.7 隔膜阀

隔膜阀采用了具有耐腐蚀衬里的阀体和耐腐蚀的隔膜代替阀的组件，由隔膜起控制作用，如图 2-7（h）所示。这种阀的流路阻力小，流通能力大，耐腐蚀，适用于强腐蚀性、高黏度或带悬浮颗粒与纤维的介质流量控制。但耐压、耐高温性能较差，一般工作压力小于 $10×10^5$Pa，使用温度低于 150℃。

2.5.3 流量特性

调节阀的流量特性，是指介质流过阀门的相对流量与阀门相对开度之间的关系，即：

$$\frac{Q}{Q_{max}} = f(\frac{l}{L}) \tag{2-3}$$

式中　　$\dfrac{Q}{Q_{max}}$——相对流量，即某一开度的流量与全开流量之比；

　　　　$\dfrac{l}{L}$——相对开度，即某一开度下的行程与全行程之比。

从过程控制的角度来看，流量特性是调节阀主要的特性，它对整个过程控制系统的品质有很大影响，不少控制系统工作不正常，往往是由于调节阀的特性特别是流量特性选择不合适，或者是阀芯在使用中受腐蚀、磨损使特性变坏引起的。

由式（2-2）可知，流过调节阀的流量不仅与阀的开度（流通截面积）有关，还受调节阀两端压差的影响。当调节阀两端压差不变时，流量特性只与阀芯形状有关，这时的流量特性就是调节阀生产厂家提供的特性，称为理想流量特性或固有流量特性。而调节阀在现场工作时，两端压差是不可能固定不变的，因此，流量特性也要发生变化，我们把调节阀在实际工作中所具有的流量特性称为工作流量特性或安装流量特性。可见相同理想流量特性的调节阀，在不同现场、不同条件下工作时，其工作流量特性并不完全一样。

2.5.3.1 理想流量特性

在调节阀前后压差一定的情况下得到的流量特性，称之为理想流量特性，它仅取决于阀芯的形状。不同的阀芯曲面可得到不同的流量特性，它是一个调节阀所固有的流量特性。

在目前常用的调节阀中，有三种典型的固有流量特性，即直线流量特性、对数（或称等百分比）流量特性和快开流量特性，其阀芯形状和相应的特性曲线，如图 2-8 和图 2-9 所示。

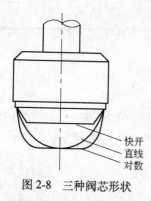

图 2-8　三种阀芯形状

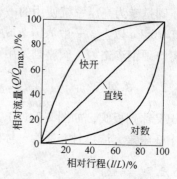

图 2-9　理想流量特性曲线

A　直线流量特性

直线流量特性是指调节阀的相对流量与阀芯的相对位移呈直线关系，其数学表达式为：

$$\frac{\mathrm{d}(Q/Q_{\max})}{\mathrm{d}(l/L)} = K \tag{2-4}$$

式中　K——调节阀的放大系数。

直线流量特性的调节阀在小开度工作时，其相对流量变化太大，控制作用太强，容易引起超调，产生振荡；而在大开度工作时，其相对流量变化小，控制作用太弱，造成控制作用不及时。

B　对数（等百分比）流量特性

对数流量特性是指阀杆的相对位移（开度）变化所引起的相对流量变化与该点的相对流量成正比。其数学表达式为：

$$\frac{\mathrm{d}(Q/Q_{\max})}{\mathrm{d}(l/L)} = K(Q/Q_{\max}) = K_V \tag{2-5}$$

可见，调节阀的放大系数 K_V 是变化的，它随相对流量的变化而变化。

从过程控制来看，利用对数（等百分比）流量特性，在小开度时 K_V 小，控制缓和平稳；在大开度时 K_V 大，控制及时有效。

C　快开流量特性

快开流量特性在小开度时流量就比较大，随着开度的增大，流量很快达到最大，故称为快开特性。快开特性的数学表达式为：

$$\frac{\mathrm{d}(Q/Q_{\max})}{\mathrm{d}(l/L)} = K(Q/Q_{\max})^{-1} \tag{2-6}$$

快开特性的阀芯形状为平板形，其有效行程为阀座直径的 $\frac{1}{4}$，当行程增大时，阀的流通面积不再增大，就不能起控制作用。

2.5.3.2　工作流量特性

在实际使用时，调节阀安装在管道上，或者与其他设备串联，或者与旁路管道并联，因而调节阀前后的压差是变化的。此时，调节阀的相对流量与阀芯相对开度之间的关系称为工作流量特性。

A　串联管道的工作流量特性

调节阀与其他设备串联工作时，如图 2-10 所示，调节阀上的压差是其总压差的一部分。当总压差 Δp 一定时，随着阀门的开大，流量 Q 增加，设备及管道上的压力将随流量的平方增长，这就是说，随着阀门开度增大，阀前后压差将逐渐减

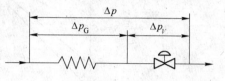

图 2-10　调节阀串联管道工作情况

小。所以在同样的阀芯位移下，实际流量比阀前后压差不变时的理想情况要小。尤其在流量较大时，随着阀前后压差的减小，调节阀的实际控制效果变得非常迟钝，如果图 2-10 中用线性阀，其理想流量特性是一条直线，由于串联阻力的影响，其实际的工作流量特性将变成如图 2-11（a）所示向上缓慢变化的曲线。图中 Q_{max} 表示串联管道阻力为零调节阀全开时的流量；S 表示调节阀全开时阀前后压差 $\Delta p_{V\min}$ 与系统总压差 Δp 的比值，$S = \dfrac{\Delta p_{V\min}}{\Delta p}$。由图 2-11 可知，当 $S=1$ 时，管道压降为零，调节阀前后压差等于系统的总压差，故工作流量特性即为理想流量特性。当 $S<1$ 时，由于串联管道阻力的影响，流量特性产生两个变化：一个是阀全开时流量减小，即阀的可调范围变小；另一个是阀在大度时的控制灵敏度降低。随着 S 的减小，直线特性趋向于快开特性，对数特性趋向于直线特性，S 值越小，流量特性的变形程度越大。在实际使用中，一般希望 S 值不低于 0.3~0.5。

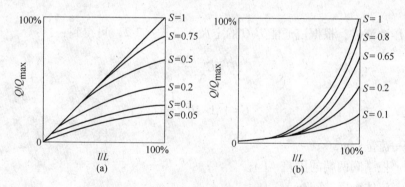

图 2-11　串联管道调节阀的工作流量特性
（a）直线阀；（b）对数阀

B　并联管道时的工作流量特性

在现场使用中，调节阀一般都装有旁路阀，如图 2-12 所示，以便手动操作和维护。

并联管道时的工作流量特性如图 2-13 所示，图中 S' 为阀全开时的工作流量与总管最大流量之比。

如图 2-13 所示，当 $S' = 1$ 时，旁路阀关闭，工作流量特性即为理想流量特性。随着旁路阀逐渐打

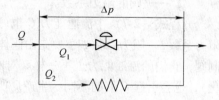

图 2-12　并联管道工作情况

开，S' 值逐渐减小，调节阀的可调范围也将大大下降，从而使调节阀的控制能力大大下降，影响控制效果。根据实际经验，S' 的值不能低于 0.8。

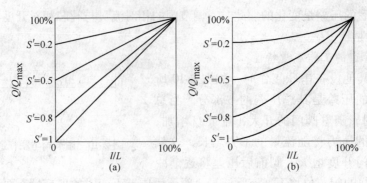

图 2-13　并联管道时调节阀工作流量特性
(a) 直线阀；(b) 对数阀

2.5.4　流通能力

通过控制阀的流量与阀芯及阀座的结构尺寸，阀两端的压差，流体的种类、温度、黏度、密度等因素有关。为了比较各种大小不同的阀门所能流过的介质流量，常用流通能力来表示。

流通能力 C 的定义是：当控制阀全开，阀两端压差为 9.81×10^4 Pa，流体的密度为 $1000 \mathrm{kg/m^3}$ 时，每小时流经控制阀的流量值，以 $\mathrm{m^3/h}$ 或 $\mathrm{t/h}$ 计。例如，一个 C 值为 40 的阀，则表示此阀两端压差为 $9.81 \times 10^4 \mathrm{Pa}$ 时，每小时能通过 $40\mathrm{m^3}$ 的水量。显然，流通能力表明了控制阀在规定条件下所能通过的最大介质流量。因此它是选用控制阀时的主要参数。

对不可压缩流体，根据流通能力 C 的定义，由式 (2-2) 可得到：

$$Q = C\sqrt{\frac{\Delta p}{\rho}} \tag{2-7}$$

其中

$$C = 1.1 \times 10^{-2} \frac{D_\mathrm{g}^2}{\sqrt{\zeta}} \tag{2-8}$$

式中　Q——流量，$\mathrm{m^3/s}$；

Δp——控制阀两端的压差，Pa；

ρ——流体密度，$\mathrm{kg/m^3}$；

D_g——控制阀的公称通径，m；

ζ——阀的阻力系数。

方程式 (2-7) 中流通能力 C 也可称为流量系数，其值取决于控制阀的公称通径 D_g 和阻力系数 ζ。阻力系数 ζ 主要是由阀体的结构所决定。因此，对于相同口径不同结构的控制阀，它们的流通能力也不一样。对同一个控制阀，流体的流动方向不同（阻力系数即变化），也会引起 C 值的不同。生产厂所提供的流通能力 C 为正常流向时的数值。一般在反向使用时，不仅流量特性畸变，而且流通能力也会变化。各类控制阀正常流向在阀体上均有箭头标志。从式 (2-7) 可知，若生产工艺中流体的密度已知，所需的流量 Q 和压差 Δp（根据配管情况，由总压降减去管路损耗求出）决定后，就可确定阀门的流通能力 C（见表 2-1），然后依据阀门制造厂的规格来确定阀的口径。

表 2-1　流通能力 C 值计算实用公式

流体		压差条件	计算公式	采用单位
液体			$C=313.21\dfrac{Q}{\sqrt{\dfrac{\Delta p}{\rho}}}$ 或 $C=313.21\dfrac{M}{\sqrt{\Delta p\rho}}$ 当液体黏度在 20 厘斯托克斯（$20\times10^{-6}\,m^2/s$）以上时，须对 C 值进行较正	Q—体积流量，m^3/h； M—质量流量，t/h； Δp—阀前后压差，Pa； ρ—液体密度，g/cm^3
气体	一般气体	当 $p_2>0.5p_1$ 当 $p_2\leqslant0.5p_1$	$C=0.26316Q_0\sqrt{\dfrac{\rho_0T}{\Delta p\,(p_1+p_2)}}$ $C=82.423Q_0\dfrac{\sqrt{\rho_0T}}{p_1}$	Q_0—标准状态下气体流量，m^3/h（0℃，101325Pa）； ρ_0—标准状态下气体密度，kg/m^3（0℃，101325Pa）； T—阀前气体绝对温度，K； Δp—调节阀前后压差，Pa； p_1，p_2—调节阀前、后压力，Pa（绝对压力）
	高压气体	当 $p_2>0.5p_1$ 当 $p_2\leqslant0.5p_1$	$C=0.26316Q_0\sqrt{\dfrac{\rho_0T}{\Delta p\,(p_1+p_2)}}\sqrt{z}$ $C=82.423Q_0\dfrac{\sqrt{\rho_0T}}{p_1}\sqrt{z}$	z—气体在阀前状态的压缩因子，可查有关图表
蒸汽	饱和水蒸气	当 $p_2>0.5p_1$ 当 $p_2\leqslant0.5p_1$	$C=19.576M_s\sqrt{\dfrac{1}{\Delta p\,(p_1+p_2)}}$ $C=\dfrac{M_s}{1.4067\times10^{-4}p_1}$	M_s—蒸汽流量，kg/h； Δp—阀前后压差，Pa； p_1，p_2—阀前、阀后压力，Pa（绝对压力）； Δt—水蒸气过热温度，℃
	过热水蒸气	当 $p_2>0.5p_1$ 当 $p_2\leqslant0.5p_1$	$C=19.576M_s\dfrac{(1+0.0013\Delta t)}{\sqrt{\Delta p\,(p_1+p_2)}}$ $C=\dfrac{M_s\,(1+0.0013\Delta t)}{1.4067\times10^{-4}p_1}$	

2.5.5　调节阀安装

调节阀的合理安装，对保证其在控制系统中起到良好的控制作用十分重要。调节阀在安装时，一般应注意以下几点：

（1）调节阀应当垂直安装在水平管道上，若必须倾斜或水平安装时应加支撑。阀的前后应有大于 10 倍管径长度的直管道。

（2）流体的流向应与阀体上的标志相一致。

（3）安装地点应便于维护检修，并应设有旁路（即副线），如图 2-14 所示。图 2-14（a）两个切断阀与调节阀装在一根管线上，缺点是难于装卸，占空间大。图 2-14（b）安装方式布置比较紧凑，占空间小，便于装卸。

（4）当调节阀口径小于管道口径时，应采用锥形管相接（一般为使阀的控制作用显著，管道口径都大于控制阀的口径）。

（5）在环境温度过低的情况下工作时，调节阀应加伴热管。

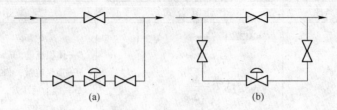

图 2-14　调节阀安装示意图

（a）切断阀与调节阀装于同一管线上；（b）切断阀与调节阀分开安装

2.6　电-气转换器及阀门定位器

2.6.1　电-气转换器

由于气动执行器具有一系列的优点，绝大部分使用电动调节仪表的控制系统也使用气动执行器。为使气动执行器能够接受电动调节器的命令，必须把电动调节器输出的标准电流信号转换为标准气压信号。这个工作就是由电-气转换器完成的。

电-气转换器是电动单元组合仪表中的一个转换单元，它能将电动控制系统的标准信号（0~10mA DC 或 4~20mA DC）转换成气动控制系统的标准气压信号（$0.2×10^5 ~ 1.0×10^5$Pa 或 $0.4×10^5 ~ 2.0×10^5$Pa），通过它可以把电动和气动两类仪表沟通起来，组成混合系统，以发挥各自的优点。它也可用来把电动调节器的输出信号经转换后用以驱动气动执行器，或将来自各种电动变送器的输出信号经转换后送往气动调节器。

从原则上说，电-气转换器是前面学过的压力变送器的逆运用，它也是基于力平衡原理工作的。电-气转换器的工作原理图，如图 2-15 所示。

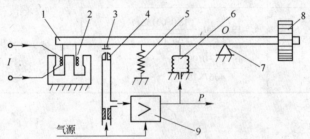

图 2-15　电-气转换器原理图

1—杠杆；2—线圈；3—挡板；4—喷嘴；5—弹簧；6—波纹管；7—支撑；8—重锤；9—气动放大器

由电动调节器送来的电流 I 通入线圈 2，该线圈能在永久磁钢的气隙中自由地上下移动。当输入电流 I 增大时，线圈与磁铁产生的吸力增大，使杠杆 1 做逆时针方向转动，并带动安装在杠杆 1 上的挡板 3 靠近喷嘴 4，改变喷嘴和挡板之间的间隙。

当挡板 3 靠近喷嘴 4 时，喷嘴挡板机构的背压升高，这个压力经过气动功率放大器 9 的放大，产生输出压力 p，作用于波纹管 6，对杠杆产生向上的反馈力，它对交点 O 形成的力矩与电磁力矩相平衡，构成闭环系统，于是，输出压力信号与输入的电流信号成比例，这样 0~10mA DC 或 4~20 mA DC 的电流信号就转换成了 $0.2×10^5$Pa ~ $1.0×10^5$Pa 或 $0.4×10^5$ ~ $2.0×10^5$Pa 的气压信号，该信号用来直接推动气动执行器的执行机构或作较远距离的传送。

图 2-15 中，弹簧 5 可用来调整输出零点；移动波纹管的安装位置可调整量程，量程细调可调节永久磁钢的磁分路螺钉；重锤 8 用来平衡杠杆的质量，使其在多种安装位置都能准确地工作。这种转换器的精度一般为 0.5 级。

2.6.2　阀门定位器

2.6.2.1　阀门定位器的作用

工业企业中自动控制系统的执行器大都采用气动执行器，前面讲过气动执行器，阀杆的位移是由薄膜上的气压推力与弹簧反作用力平衡来确定的。执行机构部分的薄膜和弹簧存在不稳定性和各可动部分存在摩擦力，例如为了防止阀杆引出处的泄漏，填料总要压得很紧，致使摩擦力可能很大，此外，被调节流体对阀芯具有作用力，被调节介质黏度大或带有悬浮物、固体颗粒等对阀杆移动也会产生阻力。所有这些都会影响执行机构与输入信号之间的准确定位关系，影响气动执行器的灵敏度和准确度。因此在气动执行机构工作条件差或要求调节质量高的场合，都在气动执行机构前加装阀门定位器。阀门定位器与气动执行机构配套使用原理框图，如图 2-16 所示。

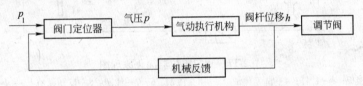

图 2-16　阀门定位器与气动执行器配合框图

由图可知阀门定位器与气动执行器配合使用，阀门定位器接受由电-气转换器转换的调节器的输出信号，去控制气动执行器；当气动执行器动作时，阀杆的位移 h 又通过机械装置负反馈到阀门定位器，因此，阀门定位器和执行器组成一个气压-位移负反馈闭环系统。

阀门定位器与气动执行器构成的负反馈闭环系统，不仅改善了气动执行器的静态特性，使输入电流与阀杆位移之间保持良好的线性关系，而且改善了气动执行器的动特性，使阀杆移动速度加快，减少了信号的传递滞后。如果使用得当，可以保证调节阀的正确定位，从而大大提高调节系统品质。归纳起来，阀门定位器主要应用于以下几个方面：

(1) 增加执行机构的推力。

(2) 加快执行机构的动作速度。

(3) 实现分程调节。

(4) 改善调节阀的流量特性。

(5) 实现复合调节。

(6) 改变调节阀的作用形式。

2.6.2.2　阀门定位器的结构与工作原理

阀门定位器主要由接线盒组件、转换组件、气路组件及反馈组件四部分组成。

接线盒组件包括接线盒、端子板及电缆引线等零部件。转换组件的作用是将电流信号转换成气压信号，它由永久磁钢、导磁体、力线圈、杠杆、喷嘴、挡板及调零装置等零部件组成。气路组件由气路板、气动放大器、切换阀、气阻及压力表等零部件组成，它的作用是实现气压信号的放大和"自动"/"手动"切换等。反馈组件是由反馈机体、反馈弹簧、反馈拉杆及反馈压板等零部件组成，它的作用是平衡电磁力矩，使定位器的输入电流与阀位间呈线性关系，所以，反馈组件是确保定位器性能的关键部件之一。

定位器整个机体部分被封装在涂有防腐漆的外壳中，外部部分应具有防水、防尘等性能。

图 2-17 为阀门定位器的工作原理示意图。

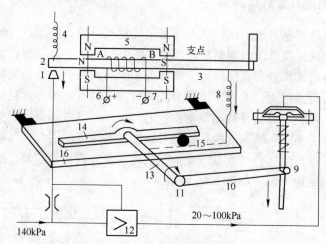

图 2-17　阀门定位器简化原理图

1—喷嘴；2—挡板；3—杠杆；4—调零弹簧；5—永久磁钢；6，7—线圈；8—反馈弹簧；9—夹子；10—拉杆；
11—固定螺钉；12—放大器；13—反馈轴；14—反馈压板；15—调量程支点；16—反馈机体

由调节器来的 4~20mA DC 电流信号输入线圈 6、7，使位于线圈之中的杠杆 3 磁化。因为杠杆位于永久磁钢 5 产生的磁场中，因此，两磁场相互作用，对杠杆产生偏转力矩，使它以支点为中心偏转。如信号增加，则图中杠杆左侧向下运动。这时固定在杠杆 3 上的挡板 2 便靠近喷嘴 1，使放大器背压升高，经放大输出气压作用于执行器的膜头上，使阀杆下移。阀杆的位移通过拉杆 10 转换为反馈轴 13 和反馈压板 14 的角位移，再经过调量程支点 15 使反馈机体运动。固定在杠杆 3 另一端上的反馈弹簧 8 被拉伸，产生了一个负反馈力矩（与输入信号产生的力矩方向相反），使杠杆 3 平衡，同时阀杆也稳定在一个相应的确定位置上，从而实现了信号电流与阀杆位置之间的比例关系。

阀门定位器能克服阀杆上的摩擦力、消除流体作用力对阀位的影响，提高执行器的静态精度，而且由于它具有深度负反馈，使用了气动功率放大器，增加了供气能力，因而还提高了调节阀的动态性能，加快了执行机构的动作速度。另外，在需要的时候，可通过改变机械反馈部分凸轮的形状，修改调节阀的流量特性，以适应调节系统的控制要求。

2.7　智能控制阀简介

随着智能化仪表的开发和应用，人们开始考虑能否通过了解控制阀自身工作过程中的流量、压差、开度的变化及其流量特性情况，及时加以调整来获得良好的调节性能。这要求控制阀必须智能化，于是作为最新一代的智能仪器——智能控制阀就在 20 世纪 90 年代初开发出来。

2.7.1　智能控制阀的结构

一个智能控制阀的构成大体为：

（1）带有微处理器及智能控制软件的控制器。

（2）用于提供反馈信号和诊断信号的传感器。

（3）信号变换器。

（4）I/O 及通信接口。

（5）执行机构。

（6）阀体。

这些部件组装在一起，并集常规仪表的检测、控制、调节等功能形成一套完整的智能仪器结构。

2.7.2　智能控制阀的特点

智能控制阀有以下特点：

（1）具有智能控制功能。可按给定值自动进行 PID 调节，控制流量、压力、差压和温度等多种过程变量，还可支持串级控制方式等。

（2）具有保护功能。无论电源、气动部件、机械部件、控制信号、通信或其他方面出现故障时，都会自动采取保护措施，以保证本身及生产过程安全可靠。如装有后备电池，当外电源掉电时能自动用后备电池驱动执行机构，使阀位处于预先设定的安全位置。当管线压力过高或过低时会自动采取应急措施。

（3）具有通信功能。智能控制阀采用数字通信方式与主控制室相连。主控制室送出的可寻址数字信号通过电缆被智能控制阀接收，阀内的微处理器根据收到的信号对阀进行相应的控制。在通信方面，智能控制阀允许操作人员在远地对其进行检测、整定和修改参数或算法等。

（4）具有诊断功能。智能控制阀的阀体和执行机构上装有传感器，是专门用于故障诊断的。在电路方面也设置了各种监测功能。微处理器在运行中连续地对整个装置进行监视，一旦发现问题，立即执行预定的程序，自动采取措施并报警。

（5）一体化结构。智能控制阀把整个控制回路装在一个现场仪器中，使控制系统的设计、安装、操作和维护大为简化。

复习思考题

2-1　比较说明单回路控制与简单计算机控制的主要区别。

2-2　电动执行器由哪几部分组成，各组成部分的作用是什么？

2-3　气动执行器有什么特点？

2-4　简述电动执行器的构成原理。伺服电机的转向和位置与输入信号有什么关系？

2-5　伺服放大器如何控制电机的正反转？

2-6　什么是调节阀的流量特性？

2-7　电气转换器的作用是什么？

2-8　试述阀门定位器的作用和适用场合。

3 计算机控制在工业生产中的典型应用

3.1 工业控制计算机系统的组成

3.1.1 计算机控制系统硬件组成

计算机控制系统硬件组成如图 3-1 所示，它主要由控制计算机和生产过程组成，而控制计算机又可分为主机、外部设备和过程控制通道等部分。

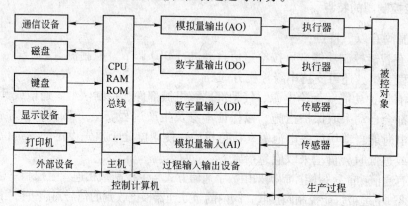

图 3-1 计算机控制系统硬件组成

3.1.1.1 主机

主机由 CPU 和内存储器（RAM 和 ROM）通过系统总线连接而成，是整个控制系统的核心。它按照预先存放在内存中的程序指令，由过程输入通道不断地获取反映被控对象运行工况的信息，按照程序中规定的控制算法，或操作人员通过键盘输入的操作命令自动地进行信息处理、分析和计算，并做出相应的控制决策，然后通过过程输出通道向被控对象及时地发出控制命令，以实现对被控对象的自动控制。

3.1.1.2 外部设备

计算机的外部设备有输入设备、输出设备、外存储器和网络通信设备。

（1）输入设备。最常用的有键盘，用来输入（或修改）程序、数据和操作命令。鼠标也是一种常见的图形界面输入的装置。

（2）输出设备。通常有 CRT、LCD 或 LED 显示器、打印机和记录仪等。它们以字符、图形、表格等形式反映被控对象的运行工况和有关的控制信息。

（3）外存储器。最常用的是磁盘（包括硬盘和软盘）、光盘和磁带机。它们具有输入和输出两种功能，用来存放程序、数据库并备份重要的数据，作为内存储器的后备存储器。

（4）网络通信设备。用来与其他相关计算机控制系统或计算机管理系统进行联网通信，形成规模更大、功能更强的网络分布式计算机控制系统。

3.1.1.3　过程 I/O 通道

过程 I/O 通道，又简称过程通道。被控对象的过程参数一般是非电物理量，必须经过传感器（又称一次仪表）变换为等效的电信号。为了实现计算机对生产过程的控制，必须在计算机与生产过程之间设置信号的传递、调理和变换的连接通道。过程输入/输出通道分为模拟量和数字量（开关量）两大类型。

3.1.1.4　生产过程

生产过程包括被控对象及其测量变送仪表和执行装置。测量变送仪表将被控对象需要监视和控制的各种参数（如温度、流量、压力、液位、位移、速度等）转换为电的模拟信号（或数字信号），而执行器将过程通道输出的模拟或数字控制信号转换为相应的控制动作，从而改变被控对象的被控量。检测变送仪表、电动和气动执行机构、电气传动的变流、直流驱动装置是计算机控制系统中的基本装置。

3.1.2　计算机控制系统软件组成

计算机控制系统软件包括系统软件和应用软件。系统软件一般包括操作系统、语言处理程序和服务性程序等，它们通常由计算机制造厂为用户配套，有一定的通用性。应用软件是为实现特定控制目的而编制的专用程序，如数据采集程序、控制决策程序、输出处理程序和报警处理程序等。它们涉及被控对象的自身特征和控制策略等，由实施控制系统的专业人员自行编制。

3.2　计算机在过程控制中的典型应用

计算机控制系统与其所控制的对象密切相关，控制对象不同，其控制系统也不同。根据应用特点、控制方案、控制目的和系统构成，计算机控制系统大体上可分为巡回检测数据处理系统、操作指导控制系统、直接数字控制系统、监督控制系统、集散控制系统、现场总线控制系统和计算机集成制造系统等。其中，有的资料将巡回检测数据处理系统与操作指导控制系统合称为数据采集系统（DAS）。

3.2.1　巡回检测数据处理系统

巡回检测数据处理系统如图 3-2 所示，它是计算机测量与控制系统应用最早、最广的类型，计算机将生产过程被控对象检测传感器送来的模拟信号，按一定的次序巡回地经过采样，经 A/D 转换器转换成数字信号，然后送入计算机。微型计算机对这些输入量实时地进行数据处理，同时进行显示和打印输出，当参数值越限时，自动报警，主要对生产过程起监视和记录参数变化的作用。

3.2.2　操作指导控制系统

操作指导控制系统简化框图如图 3-3 所示。可见该系统中，微型计算机不仅通过显示、打印、报警系统提供生产现场资料和异常情况的报警，而且按事先安排好的控制算法对检测所得的参数进行处理，求出输入输出关系，进行生产过程的质量检查和运行方法的计算，再与标准要求进行比较，然后进行打印或显示，操作者可根据结果通过控制台来干预和管理生产过程。

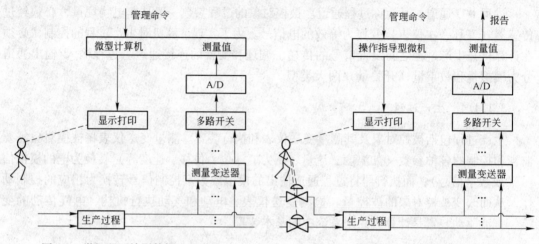

图 3-2 微机巡回检测数据处理系统   图 3-3 微机操作指导控制系统原理

    微机操作指导控制系统的优点是比较简单、安全可靠，特别对于未摸清控制规律的系统更适用。其缺点是仍要人工进行操作，故操作速度不能太快，而且不能同时操作几个回路。

    微机巡回检测数据处理系统与微机操作指导控制系统都不直接参与生产过程控制，故不会直接对生产过程产生影响。

3.2.3 直接数字控制系统（DDC）

    直接数字控制系统是一种多路数字调节系统，是在巡回检测和数据处理基础上发展起来的，是计算机用于过程控制最普通的一种形式，其工作原理如图 3-4 所示。

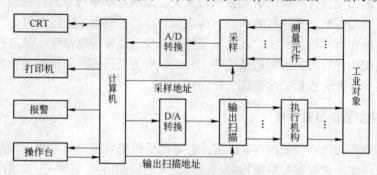

图 3-4 DDC 控制系统原理图

    其控制过程可以简述为：生产现场的多种工况参数，经输入通道顺序地采样和模/数转换后，变成数字量信息送给计算机。计算机则根据对应于一定控制规律的控制算式，用数字运行的方式，完成对工业参数若干回路的比例、积分、微分（PID）计算和比较分析，并通过操作台显示、打印输出结果，同时将运算结果经输出通道的数/模转换、输出扫描等装置顺序地将各路校正信息送到相应的执行器，实现对生产装置的闭环控制。该控制系统的特点是：

（1）计算机的运算和处理结果直接输出作用于生产过程。

（2）计算机可以代替多个模拟调节器，很经济。

（3）速度快、灵活性大、可靠性高、可以实现多回路的 PID 控制，而且只要改变程序就可以实现各种比较复杂的控制。

3.2.4 监督控制系统（SCC）

微机监督控制系统，是由计算机按照描述生产过程的数学模型，计算出最佳给定值送给模拟调节器或 DDC 计算机，最后由模拟调节器或 DDC 计算机控制生产过程，从而使生产过程处于最优工作情况。SCC 系统较 DDC 系统更接近生产变化实际情况，它不仅可以进行给定值控制，同时还可以进行顺序控制、最优控制以及自适应控制等，它是操作指导和 DDC 系统的综合与发展。

微机监督控制系统是一个两级控制系统，即由两级调节过程组成。一般地，其结构有两种即 SCC+模拟调节器（如图 3-5 所示）与 SCC+DDC 控制系统（如图 3-6 所示）两种形式。

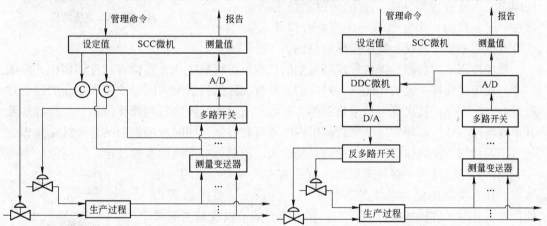

图 3-5　SCC+模拟调节器控制系统原理图　　图 3-6　SCC+DDC 控制系统原理图

在 SCC+模拟调节器控制系统中，SCC 监督计算机的作用是收集检测信号及管理命令，然后按照一定数学模型计算后，输出给定值到模拟调节器。此给定值在模拟调节器中与检测值进行比较，其偏差值经模拟调节器计算后输出到执行机构，以达到调节生产过程的目的。这样系统就可以根据生产工况的变化，不断地改变给定值，达到实现最优控制的目的，而一般的模拟系统是不能随意改变给定值的。因此，这种系统特别适合于老企业的技术改造，既用上了原有的模拟调节器，又实现了最佳给定值控制。

SCC+DDC 控制系统是两级计算机控制系统，一级为监督级 SCC，用来计算最佳给定值。直接数字控制器 DDC 用来把给定值与测量值进行比较，其偏差由 DDC 进行数字控制计算，然后经 D/A 转换器和多路开关分别控制各个执行机构进行调节。与 SCC+模拟调节系统相比，其控制规律可以改变，用起来更加灵活，而且一台 DDC 可以控制多个回路，使系统比较简单，其特点主要有：

（1）比 DDC 系统有着更大的优越性，可接近生产的实际情况。

（2）当系统中模拟调节器或 DDC 控制器出了故障时，可用 SCC 系统代替调节器进行调节，因此大大提高了系统的可靠性。

计算机控制在工业控制中的的典型应用，除上述外，还有集散控制系统、PLC 控制系统、现场总线控制系统、智能控制等。

3.3　冶金企业常用典型控制

3.3.1　计算机集散控制（DCS）

集散控制系统（DCS）的核心思想是"集中管理、分散控制"，DCS 的体系结构如图 3-7 所示。

它一般由四个基本部分组成，即系统网络、现场控制站、操作员站和工程师站。其中现场控制站、操作员站和工程师站都是由独立的计算机构成（这些完成特定功能的计算机被称为节点），它们分别完成数据采集、控制、监视、报警、系统组态、系统管理等功能。它们通过系统网络连接在一起，成为一个完整统一的系统，以此来实现分散控制和集中监视、集中操作的目标。

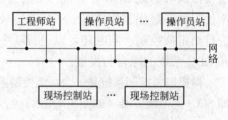

图 3-7　典型的 DCS 系统结构

现场控制站的功能是将各种现场发生的过程量进行数字化，并储存在存储器中，形成一个与现场过程量一致的、能一一对应的、并按实际运行情况实时地改变和更新的现场过程量的实时映像；其次将本站采集到的实时数据通过系统网络送到操作员站、工程师站及其他现场控制站，以便实现全系统范围内的监督和控制；同时现场控制站还可接受操作员站、工程师站下发的信息，以实现对现场的人工控制或对本站的参数设定。

操作员站是处理一切与运算操作有关的人机界面功能的网络节点。其主要功能是为系统的运行提供人机界面（监控画面），使操作员及时了解现场运行的状态、参数的当前值以及是否有异常情况等。操作员站除了可以监视控制系统本身各个设备的运行状态，同时又可以提供系统的管理功能。

工程师站是对 DCS 进行离线配置、组态工作和在线监督、控制的网络节点。其主要功能是提供对 DCS 进行组态、配置的组态软件，并在 DCS 在线运行时实时地监视 DCS 网络上各个节点的运行情况，使 DCS 随时处在最佳工作状态。

DCS 的组态包括硬件组态和软件组态两部分。硬件组态是对一个集散控制系统中的所有设备，包括操作站、控制站、I/O 站

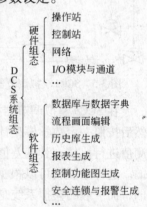

图 3-8　DCS 的组态

以及网络等进行配置，生成相应的数据文件；而软件组态则是进行应用软件的开发，包括流程画面编辑、历史库与报表生成、控制功能的实现等，如图 3-8 所示。

计算机系统的组态是利用系统厂家提供的专门组态软件实现的。

图 3-9 为常用的集散控制计算机系统的框图，这是一个分布式三级控制系统。其中，MIS 是生产管理级，SCC 是监督控制级，DDC 是直接数字控制级。而生产管理级又可分为企业管理级、工厂管理级和车间管理级，因此该系统实际上是分布式五级管理控制系统。

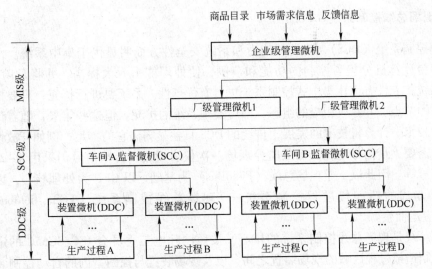

图 3-9　集散计算机控制系统

第一级为企业级。这一级负责企业的综合管理，如对生产计划、经营、销售、订货等进行总决策。同时要了解分析本行业的经营动向，管理财政支出、预算和决算，以及向各工厂发布命令，接受各工厂发来的各种汇报信息，实现全企业的总调度。

第二级为工厂管理级。这一级负责本厂的综合管理，如本厂的生产计划、人员调度、协调各车间的生产、技术经济指标的核算、仓库管理以及上下级沟通联系（执行企业命令，向下级发布命令）等。

第三级为车间管理级。这一级负责本车间内各工段间的生产协调、作业管理、车间内的生产调度，并且沟通上下级的联系（执行工厂管理级的命令，对下一级监控级进行监督指挥）。

第四级为监控级（SCC）。这一级负责监督指挥下一级 DDC 的工作。根据生产工具工艺信息，按照数学模型寻找工艺参数的最优值，自动改变 DDC 级的给定值，以实现最优控制。

第五级为直接数字控制级（DDC）。这一级对生产过程直接进行闭环最佳控制。

可见，集散控制系统（DCS）是采用分散控制、集中操作、分级管理、分而自治和综合协调的设计原则，把系统从上而下分为过程控制级、控制管理级、生产管理级等若干级，形成分级分布式控制。以微机为核心的基本控制器实现地理上和功能上的分散控制，同时又通过高速数据通道将各个分散点的信息集中起来送到监控计算机和操作站，以进行集中监视和操作，并实现高级复杂的控制。这种控制系统将企业的自动化水平提高到了一个新的阶段。

近年来，微型计算机得到广泛应用，这使分布式多级控制系统发生了很大的变化，如 SCC 与 DDC 两级多采用微型计算机，而 MIS 级多采用多功能计算机。一般企业级多采用大、中型计算机。在生产过程控制方面已普遍采用以微型机为基础的多级集散控制系统，即最低一级用微处理机或微机作直接控制，每一台微机管理几个回路（这是分散的），同时再用一台主控计算机（小型或微机）来管理若干台微机（这是集中的）。采用这样的系统可以实现从简单到复杂的调度，兼具集中型和分散型两者的优点，从而达到最佳控制。

3.3.2 现场总线控制系统（FCS）

集散控制系统（DCS），在处理能力和系统安全性方面明显优于集中系统。由于 DCS 使用了多台计算机分担了控制的功能和范围，使处理能力大大提高，并将危险性分散。DCS 在系统扩充性方面比集中式控制系统更具有优越性。系统要进行扩充，只要根据需要增加所需的节点，并修改相应的组态，即可实现系统的扩充。但这些年来，随着传感器技术、通信技术、计算机技术的发展，传统的 DCS 日益显露出它的不足，例如开放性差、分散不够，需要大量信号电缆及无法监控现场一次仪表设备，传输信号仍采用 4～20mA DC 的模拟信号等。因此以工业现场总线（FieldBus）为基础，以 CPU 为处理核心，以数字通信为变送方式的新一代过程控制系统——现场总线控制系统（FCS：fieldbus control system）应运而生。

现场总线是现场总线控制系统的核心，按照国际电工委员会 IEC/SC65C 的定义，是指安装在制造或过程区域的现场装置之间，以及现场装置与控制室内的自动控制装置之间的数字式、串行和多点通信的数据总线。其主要特征是采用数字式通信方式，取代设备级的 4～20mA（模拟量）/24V DC（开关量）信号，使用一根电缆连接所有现场设备。以现场总线为基础而发展起来的全数字控制系统称作现场总线控制系统（FCS）。其系统结构如图 3-10 所示。

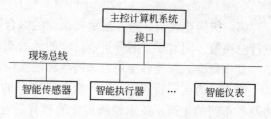

图 3-10　现场总线系统结构

现场总线是安装在生产过程区域的现场设备、仪表与控制室内的自动控制装置、系统之间的一种串行、数字式、多点双向通信的数据总线。现场总线是以单个分散的数字化、智能化的测量和控制设备作为网络节点，用总线相连接实现相互交换信息，共同完成自动控制功能的网络系统与控制系统。

现场总线使得现场仪表之间、现场仪表和控制室设备之间构成网络互联系统，实现全数字化和双向、多变量数字通信。控制功能可由过去的控制室设备完全转变为由智能化的现场仪表来承担。控制功能分散得比较彻底，能组成大型的开放式控制系统，进而实现从最高决策层到最低设备层的综合管理和控制，实现网络集成全分布式控制。

现场总线的节点是现场设备或现场仪表，如传感器、变送器、执行器等，但不是传统的单功能现场仪表，而是具有综合功能的智能仪表。如温度变送器不仅具有温度信号变换和补偿功能，而且具有 PID 控制和运算功能。现场设备具有互换性和互操作性，采用总线供电，具有本质安全性。

现场总线控制系统 FCS 代表了新的控制观念——现场控制。它的出现对 DCS 作了很大的变革。主要表现在：

（1）信号传输实现了全数字化，从最底层逐层向最高层均采用通信网络互联。

（2）系统结构采用全分散化，废弃了 DCS 的输入/输出单元和控制站，由现场设备或现场仪表取而代之。

（3）现场设备具有互操作性，改变了 DCS 控制层的封闭性和专用性，不同厂家的现场设备既可互联也可互换，并可以统一组态。

（4）通信网络为开放式互联网络，可极其方便地实现数据共享。

（5）技术和标准实现了全开放，面向任何一个制造商和用户。

与传统的集散控制系统 DCS 相比较，新型的全数字控制系统的出现，将能充分发挥上层系统调度、优化、决策的功能，更容易构成 CIMS 系统并更好地发挥其作用。而且新型的全数字控制系统还将降低系统投资成本和减少运行费用，仅系统布线、安装、维修费用可比现有系统减少约三分之二，节约电缆导线约三分之一。如果系统各部分分别选择合适的总线类型，会更有效地降低成本。

3.3.3 可编程控制器（PLC）

PLC 可编程控制器是随着计算机技术的进步逐渐应用于生产控制的新型微型计算机控制装置。最早是用来替代继电器等来实现继电-接触控制，因此称为可编程逻辑控制器（programmable logic controller，简称 PLC）。随着计算机技术的研究与开发，其功能逐步扩展，已经不仅仅局限于逻辑控制，因此，又被称为可编程控制器，并曾一度简称为 PC（programmable controller），但由于与个人计算机的 PC 冲突，又被重新称为 PLC。

3.3.3.1 可编程控制器基本组成

从结构上分，PLC 分为固定式和组合式（模块式）两种。固定式 PLC 包括 CPU 板、I/O 板、显示面板、内存块、电源等，这些单元组合成一个不可拆卸的整体。如图 3-11 所示。

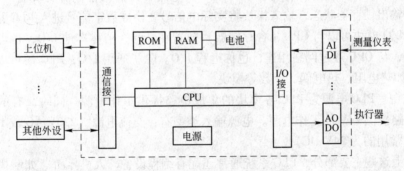

图 3-11 一体化 PLC 结构示意图

模块式 PLC 包括 CPU 模块、I/O 模块、内存模块、电源模块、底板或机架，这些模块可以按照一定规则组合配置。如图 3-12 所示。

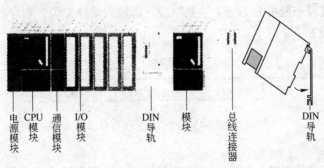

图 3-12 模块化 PLC 结构示意图

（1）CPU。CPU 是 PLC 的神经中枢，是系统运算、控制中心，它主要完成以下任务：

1）接收现场输入设备的状态与数据，并存储在相应的寄存器中。

2）完成用户程序规定的逻辑与数学运算。

3）用处理结果更新有关标志位或输出寄存器内容，并完成输出控制、数据通讯以及其他功能；此外，还需由 CPU 完成整个系统的诊断、故障报警与指示等。

（2）存储器。存储器用来存储程序与数据。它包括以下三个区域：

1）系统程序存储区。本区存放着相当于计算机操作系统的系统程序，包括监视程序、管理程序、命令解释程序、功能子程序、系统诊断程序等，并固化在 EPROM 中。

2）系统 RAM 存储区。包括 I/O 映像区以及各类软设备（如各种逻辑线圈、中间寄存器、定时计数器等）存储器区域。

3）用户程序存储区。存放用户编制的应用程序。

CPU 速度和存储器容量是 PLC 的重要参数，它们决定着 PLC 的工作速度、I/O 数量及软件容量等，因此限制着控制规模。

（3）通讯单元。PLC 都具有通讯联网能力，由通讯单元模块完成此功能。通过它，PLC 之间、PLC 与上位计算机以及其他智能设备之间能够交换信息，可以组成非常复杂的控制系统，并可与上位机相连。多数 PLC 具有 RS-232 接口，还有一些内置支持各自通信协议的接口。

（4）输入输出（I/O）。它是连接计算机与生产现场的桥梁，I/O 模块构成了 PLC 控制系统的过程通道，I/O 模块集成了 PLC 的 I/O 电路，其输入暂存器反映输入信号状态，输出点反映输出锁存器状态。输入模块将实际电信号变换成数字信号进入 PLC 系统，输出模块相反。I/O 模块可以与 CPU（含存储器）放置在一起，俗称本地 I/O，也可以放置在很远的地方，与 CPU 通过网络相连，也称远程 I/O。除了通用 I/O，PLC 还可以配置特殊 I/O 模块，如热电阻、热电偶、计数等模块。

（5）电源。PLC 电源为 PLC 各模块的集成电路提供工作电源。同时，有的还可为输入或输出电路提供 24V 的工作电源。电源输入类型有：交流电源（220V AC 或 110V AC），直流电源（常用的为 24V DC）。

除了以上这些主要部分，PLC 系统通常还配有编程设备、人机界面（如触摸屏或组态软件等）以及输入输出设备（如条码阅读器、打印机等）等设备。

3.3.3.2　可编程序控制器的工作过程

PLC 的工作过程一般可分为三个主要阶段：即输入采样阶段，程序执行阶段和输出刷新阶段，如图 3-13 所示。

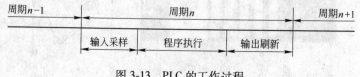

图 3-13　PLC 的工作过程

A　输入采样阶段

PLC 的工作方式是扫描。在输入采样阶段，PLC 按顺序读入所有输入信号（开关通、断或数值），并存入输入映像寄存器，采样结果在本工作周期内不会改变。接着转入程序执行阶段。

B 程序执行阶段

PLC 按先左后右、先上后下的顺序对每条指令进行扫描，并分别从输入映像寄存器和输出映像寄存器中"读入"需要的信息，然后进行运算、处理，运算结果再存入输出映像寄存器中。输出映像寄存器的内容会随着程序执行的进程而变化，在程序执行完毕之前不会送到输出端口上。

C 输出刷新阶段

在所有指令执行完毕后，PLC 将输出映像寄存器中的数据送到输出锁寄存器中，驱动用户设备，这才是可编程序控制的实际输出。

此外，在输入扫描过程之后，CPU 将会进行系统的自检测以及与有关设备（如编程器、上位机或其他 PLC）进行数据交换。

PLC 重复地执行由上述三个阶段构成的工作周期。机型不同，工作周期时间也不同，一般为几十毫秒。如果超出预定时间，WDT（watch dog timer）将会复位 PLC，以免系统瘫痪。

3.3.3.3 可编程控制器的发展趋势

PLC 以其结构紧凑、功能简单、速度快、可取性高、价格低等优点，获得广泛应用，已成为与 DCS 并驾齐驱的主流工业控制系统。目前以 PLC 为基础的 DCS 发展很快，PLC 与 DCS 相互渗透、相互融合、相互竞争，已成为当前工业控制系统的发展趋势，逐渐成为占自动化装置及过程控制系统最大市场份额的产品。从 PLC 的发展趋势看，PLC 已成为今后工业自动化的主要手段，PLC 正朝以下方向发展：

（1）低档 PLC 向小型、简易、廉价方向发展，使之能更加广泛地取代继电器控制。

（2）中、高档 PLC 向大型、高速、多功能方向发展，使之能取代工业控制计算机的部分功能，对大规模、复杂系统进行综合性的自动控制。

（3）大力开发智能模块。智能模块是以微处理器为基础的功能部件，它们的 CPU 与 PLC 的 CPU 并行工作，占用主机的 CPU 时间少，有利于提高 PLC 的扫描速度和完成特殊的控制要求。

（4）可靠性进一步提高。随着 PC 进入过程控制领域，其对可靠性的要求也进一步提高。硬件冗余的容错技术将进一步得到应用。

（5）编程语言的高级化。

（6）控制与管理功一能体化 PLC 将广泛采用计算机信息处理技术、网络通信技术和图形显示技术，PLC 系统的生产控制功能和信息管理功能融为一体。

3.4 智能控制

3.4.1 智能控制的发展

随着计算机技术的快速发展和巨大的进步，以及工业过程的日趋复杂化、大型化，工程控制也面临着新的挑战。经典控制理论和现代控制理论在实际应用中遇到不少难题，影响到它们的推广和应用。

智能控制（intelligent control，IC）是 20 世纪 80 年代出现的一个新兴的科学领域，它是继经典控制理论方法和现代控制理论方法之后的新一代控制理论方法，是控制理论发展的高级阶段。它主要用来解决那些传统方法难以解决的复杂系统控制问题。

智能控制就是指具备一定智能行为的系统，是人工智能、自动控制与运筹学三个主要学科相结合的产物。也可以说是以自动控制理论为基础，应用拟人化的思维方法、规划及决策实现对工业过程最优化控制的先进技术。智能控制具有学习功能、适应功能和组织功能。

目前，智能控制系统研究的主要内容有：专家控制系统、模糊控制和神经网络控制三种形式。它们可以单独使用，也可以结合起来应用。既可应用于现场控制，也可以用于过程建模、优化操作、故障诊断、生产调度和经营管理等不同层次。本节简单介绍前两种控制系统的原理、构成与应用。

3.4.2　专家控制系统

专家控制又称基于知识的控制或专家智能控制。也就是将专家系统的理论和方法与控制理论和方法相结合，应用专家的智能技术指导工程控制，使工程控制达到专家级控制水平的一种控制方法。

3.4.2.1　专家系统

专家系统主要指的是一种人工智能的计算机程序系统，这些程序内部含有大量的某个领域的专家知识与经验，能够利用人类专家的知识和解决问题的经验方法来处理该领域的各种问题。尤其是对于无算解决问题，以及经常需要在不完全、不确定的知识信息基础上做出结论的问题，专家系统都表现出了知识应用的优越性和有效性。简而言之，专家系统是一个模拟人类专家解决领域问题的计算机程序系统。

专家系统的主要功能取决于大量的知识及合理完备的智能推理机构。系统的基本结构如图 3-14 所示。由图可知，知识库和推理机是专家系统中两个主要的组成要素。

知识库主要由规则库和数据库两部分组成。规则库存放着作为专家经验的判断性知识，例如表达建议、推断、命令、策略的产生式规则等，用于问题的推理和求解。而数据库用于存储表征应用对象的特性、状态、求解目标、中间状态等数据，供推理和解释机构使用。

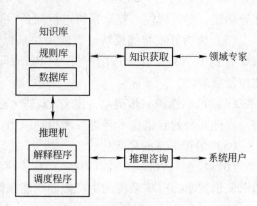

图 3-14　专家系统的基本结构

知识库通过"知识获取"机构与领域专家相联系，实现知识库的建立和修正更新，知识条目的查询、测试、精炼等对知识库的操作。

推理机实际上是一个运用知识库中提供的两类知识，基于某种通用问题求解模型进行自动推理、求解问题的计算机软件系统，它包含一个解释程序，用于检测和解释知识库中的相应规则，决定如何使用判断性知识推导新知识，还包括一个调度程序，用于决定判断性知识的使用次序。推理机的具体构造取决于问题领域的特点、专家系统中知识表示方法。

专家系统是通过某种知识获取手段，把人类专家的领域知识和经验技巧移植到计算机中，模拟人类专家推理决策过程，求解复杂问题的人工智能处理系统。专家系统具有以下基本特征：专家系统是具有专家水平的知识信息处理系统；专家系统对问题求解具有高度的灵活性；专家系统采用启发式和透明的求解过程；专家系统具有一定的复杂性和难度。按专家系统求解问题的性质可分为解释型、预测型、诊断型、设计型、控制型、规划型、监视型、决策型和调试型几大类。

3.4.2.2　专家控制系统

专家控制系统的设计规范是建立数学模型与知识模型相结合的广义知识模型，它的运行机制是包含数值算法在内的知识推理，是控制技术与信息处理技术的结合。因此，专家控制系统是人工智能与控制理论方法和技术相结合的典型产物。

专家控制系统总体结构如图 3-15 所示。由图可知，专家控制系统由数值算法库、知识库系统和人-机接口与通讯系统三大部分组成。系统的控制器主要由数值算法库、知识库系统两部分构成。其中数据算法库由控制、辨识和监控三类算法组成。控制算法根据知识库系统的控制配置命令和对象的测量信号，按 PID 算法或最小方差算法等计算控制信号，每次运行一种控制算法。辨识算法和监控算法为递推最

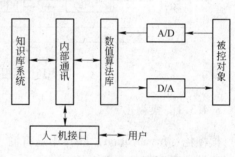

图 3-15　专家控制系统结构

小二乘算法和延时反馈算法等，只有当系统运行状况发生某种变化时，才往知识库系统中发送信息。知识库系统包含定性的启发式知识，用于逻辑推理以及对数值算法进行决策、协调和组织。知识库系统的推理输出和决策通过数值算法库作用于被控对象。

专家控制把控制系统看作是基于知识的系统，系统包含控制系统的知识，按照专家系统知识库的构造，有关控制的知识可以分类组织，形成数据库和规则库。

（1）数据库。数据库中主要包括事实、证据、假设和目标几部分内容。

（2）规则库。规则库中存放着专家系统中判断性知识集合及组织结构。对于控制问题中各种启发式控制逻辑，一般常用产生式规则表示：

$$IF（控制局势）\quad THEN（操作结论）$$

其中，控制局势即为事实、证据、假设和目标等各种数据项表示的前提条件，而操作结论即为定性的推理结果。在专家控制中，产生式规则包括操作者的经验和可应用的控制与估计算法、系统监督、诊断等规则。

3.4.3　模糊控制

模糊控制是应用模糊集合、模糊语言变量和模糊逻辑推理知识，模拟人的模糊思维方法，并对复杂系统实施控制的一种智能控制系统。模糊理论是由美国著名的控制理论学者

扎德（L. A. Zadeh）教授于 1965 年首先提出，英国伦敦大学教授马丹尼 1974 年研制成功第一个模糊控制器，并用于锅炉和蒸汽机的控制，从而开创了模糊控制的历史。

　　模糊控制器系统基本构成，如图 3-16 所示。其系统构成与其他控制系统的主要区别仅在于其控制器是由模糊数学、模糊语言形式的知识表示并以模糊逻辑为基础，采用计算机控制技术构成的模糊控制器。

　　模糊控制器的构思吸收了人工控制时的经验，人们搜集各个变量的信息，形成概念，如温度过高、稍高、正好、稍低、过低等五级或更多级，然后依据一些推理规则，决定控制决策。由图 3-16 可知模糊控制器由模糊化、模糊推理、知识库和清晰化四个功能块组成。模糊控制系统设计问题，实际上就是模糊控制器的输入过程、模糊推理、知识库和清晰化四部分的设计问题。

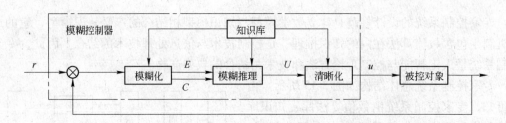

图 3-16　模糊控制系统的基本结构

3.4.3.1　模糊化

　　模糊化（fuzzification）的作用是将输入的精确量转换成模糊化量，输入值的模糊化是通过论域的隶属度函数实现的。

3.4.3.2　模糊推理

　　模糊推理是模糊控制器的核心，它是利用知识库的信息和模糊运算方法，模拟人的推理决策的思想方法，在一定的输入条件下激活相应的控制规则给出适当的模糊控制输出。

3.4.3.3　清晰化

　　清晰化的作用是将模糊推理得到的控制量（模糊量）变换为实际用于控制的清晰量。它包含两个方面的内容：
　　（1）将模糊的控制量经清晰化变换成表示在论域范围的清晰量。
　　（2）将表示在论域范围的清晰量经标度变换变成实际的控制量，较常用的清晰化方法有：最大隶属度方法、面积重心法和中位数法。

3.4.3.4　知识库

　　知识库中包含了具体应用领域中的知识和要求的控制目标。它通常由数据库和模糊控制规则库两部分组成。
　　（1）数据库。数据库提供论域中必要的定义，包括各语言变量的隶属度函数，模糊空间的量化级数、量化方式及比例因子等。

（2）规则库。规则库主要包括用模糊语言变量表示的一系列控制规则，它们反映了控制专家的经验和知识。规则的形式很像计算机程序设计语言中常用的条件语句，是由一系列 IF-THEN 型模糊条件句所构成。

模糊控制器的输出通常是控制作用的增量 Δu，选取增量 Δu 的优点是：

（1）虽然模糊控制器的推理规则往往不是线性的，但其类似于积分和比例控制作用，有利于消除余差。

（2）不会产生积分饱和现象。

模糊集和模糊控制的概念，不仅可以用在基层控制级，也可以用在先进和优化控制以及调度、计划和决策等层次。

复习思考题

3-1 结合图 3-1 叙述计算机控制系统的硬件组成。

3-2 什么是直接数字控制系统（DDC），它的控制特点是什么？

3-3 什么是监督控制系统（SCC），它与 DDC 比较有何区别？

3-4 什么是集散型控制系统（DCS），它通常分哪几级进行控制？

3-5 什么是现场总线技术，它的特点是什么？

3-6 什么是专家控制系统？

3-7 什么是模糊控制？

4 冶金生产计算机分级控制

4.1 生产自动化简介

1958 年，钢铁工业首次利用电子计算机，最开始是用于高炉。由于计算机需要更多的信息和输出控制，致使仪表、电控和计算机紧密结合，出现初期的一体化系统。

20 世纪 60 年代末，日本人在新日铁君津厂实现 AOL 系统，至此确立了多级计算机系统 CIMS（computer integrated manufacturing systems，计算机集成制造系统）的雏形，形成管理控制一体化系统。

20 世纪 70 年代中，微型机工业化，以微机为核心的 PLC 发展，代替了传统的硬线逻辑系统，至此电力传动逐渐改为 PLC 控制。另外，PPC（programmable process controller，可编程序过程控制器，我国业内习惯称为集散系统）出现，其也逐渐代替模拟式仪表用于数据采集和自动控制。

到 20 世纪 80 年代初，PLC 已发展成为功能齐全，抗干扰能力高，使用面向用户语言的控制器，并具有带显示器和连接打字机功能；PPC 已发展为有近百种模块，供过程量控制和处理。此外，还开发了操作员操作显示装置，其内存较大，显示功能极强，可分级显示，易于显示工艺流程的参数以及易懂、易看、易解析的画面。

当今钢铁厂的自动化系统已成为基本上在中控室集中操作，以大型图像监视器监视全厂情况，由计算机控制与组织生产而达到高效、高产、高质、低耗目标的综合管理控制一体化系统。

我国高炉自动化水平已大幅提升，但与发达国家相比，仍存在差距，主要表现在：我国高炉自动化所用的关键设备和技术大多都是引进的，硬件如最基本的 PLC、DCS 和过程控制与管理计算机几乎全部是引进的，电气传动的先进调速装置、电力电子器件除晶闸管外都是引进的，晶闸管调速装置虽然已国产化，但是关键的电子调节器也是引进的，而发达国家，如日本、德国、美国、英国、法国、瑞典等主要自动化硬件产品很少引用其他国家的。我国高炉的数学模型以前是引进日本的，现在则是从芬兰或奥地利（奥钢联）引进的。

虽然非高炉炼铁已有多年的历史，但直接还原炼铁的工业化是从 20 世纪 60 年代才开始的，特别是熔融还原炼铁还未大规模工业化。而且由于高炉炼铁技术经济指标好、工艺简单且可靠、产量大、效益高、能耗低，生产的铁占世界铁总产量的 90% 以上，因此，炼铁自动化的研究、发展与应用都集中在高炉，非高炉炼铁的自动化主要集中在满足生产操作所需。

4.2 冶金生产自动化的分级控制

1989 年，美国普渡（Purdue）大学 Williams 教授提出 Purdue 模型，将流程工业自动化系统自下而上分为过程控制、过程优化、生产调度、企业管理和经营决策五个层次；国际标准化组织 ISO 在其技术报告中将传统冶金企业自动化系统分为 L0～L5 的递级结构，如图 4-1 所示，其中，L1～L5 为冶金企业信息化建设的主要内容。

在图 4-1 所示的递级结构中，L1～L3 面向生产过程控制，强调的是信息的时效性和准确性；L4、L5 面向业务管理，强调的是信息的关联性和可管理性。

（1）企业经营管理级（L5），主要完成销售、研究和开发管理等工作，负责制定企业的长远发展规划、技术改造规划和年度综合计划等。

（2）区域管理级（L4），负责实施企业的职能、计划和调度生产，主要功能有生产管理、物料管理、设备管理、质量管理、成本消耗和维修管理等。其主要任务是按部门落实综合计划的内容，并负责日常的管理业务。

（3）生产控制级（L3），负责协调工序或车间的生产，合理分配资源，执行并负责完成企业管理级下达的生产任务，针对实际生产中出现的问题进行生产计划调度，并进行产品质量管理和控制。

（4）生产过程控制级（L2），主要负责控制和协调生产设备能力，实现对生产的直接控制，针对生产控制级下达的生产目标，通过数据模型优化生产过程控制参数。

（5）基础自动化级（L1），主要实现对设备的顺序控制、逻辑控制及进行简单的数学模型计算，并按照生产过程控制级的控制命令对设备进行相关参数的闭环控制。

（6）数据检测与执行级（L0），主要负责检测设备运行过程中的工艺参数，并根据基础自动化级指令对设备进行操作。执行级根据执行器工作能源的不同，可分为电动执行机构、液压执行机构和气动执行机构，如交直流电动机、液压缸、气缸等。

图 4-1　传统冶金自动化系统的构成和分级

目前，我国冶金生产过程计算机控制系统一般分为三级，即生产控制级（L3）、过程控制级（L2）和基础自动化级（L1）。

（1）生产控制级（L3）的基本任务是编制本厂生产计划，也包括协调上游及下游厂间的生产以及进行原料库管理及成品库管理。

（2）过程控制级（L2）的基本任务是面对整个生产线，并通过数学模型进行各个设备的设定计算，也包括为设定计算服务的跟踪、数据采集、模型自学习以及打印报表、人机界面、历史数据存储、报警等。

（3）基础自动化级（L1）的基本任务是顺序控制、设备控制和质量控制。

4.2.1　生产控制级

20 世纪 70 年代前，钢铁企业生产管理系统的建设目标主要是进行工序管理优化，即建设生产级控制系统。

20 世纪 80 年代以来，围绕着节能而出现的连铸坯的热送、热装和直接轧制三种工艺，将炼钢、连铸到轧钢的各工序在高温下直接连接，集成一体，进行同期化生产。这一阶段建设的生产管理系统主要是进行工序间衔接集成，生产控制级系统开始支持热送、热装生产组织。

20 世纪 90 年代，通过对炼钢→连铸→热轧的集成生产管理方法进行研究和开发，实现了炼钢→连铸→热轧的一体化生产管理。尤其是连铸连轧生产线的生产控制级系统，实现了炼钢、连铸、热轧工序的同步管理与实时调度，充分发挥了生产线的效益。

生产控制级系统有如下特点：

（1）生产控制级系统是冶金自动化系统的重要组成部分，它是衔接企业管理级系统（L4）和过程控制级系统（L2）的桥梁，实现了过程控制信息的时效性与生产管理信息关联性的匹配。生产控制级系统将上级系统下达的生产管理计划转换为可由现场执行的生产控制指令，并实时采集现场生产实绩信息，将之整合为上级管理系统所需的面向业务管理的生产实绩。

（2）实现工序管理优化。生产控制级系统对所管理的车间或工序的资源进行优化和调度，根据上级管理系统下达的生产计划并结合本车间或工序的实时情况，合理分配资源并优化作业顺序，以降低生产成本，或者按生产计划要求进行资源的使用优化，以保证计划的执行和生产过程物流的顺畅。

（3）对生产现场进行实时动态调度。生产级控制系统对工序或车间进行实时物流跟踪，监控设备的运行情况和计划执行情况。生产过程中发生任何影响正常生产的情况，生产控制级系统都将根据现场实际情况，由计算机自动或人机交互方式对生产过程进行实时调度，使生产过程物流顺畅，并保证产品的交货周期，优化生产资源的利用。

（4）作为现场生产作业指挥中心。生产控制级系统一般是企业中各工序的生产作业指挥中心，生产现场作业调度人员和操作人员将通过生产控制级系统将生产指令下达给相应的各岗位或执行机构，同时实时采集生产过程中各相关信息，并将信息传递给生产现场的信息需求者，以利于他们根据生产实际情况进行操作。

4.2.2　过程控制级

4.2.2.1　过程控制级系统的硬件组成

过程控制级系统的硬件由服务器、外部设备、网络通信设备、人机界面（HMI，

human machine interface，也称人机接口）设备等构成。

服务器是过程控制级计算机系统的核心硬件。冶金自动化的工程一般具有周期长、投资大的特点。因此，应该选择水平先进、生产周期长的计算机硬件，以延长系统的运转时间，减少更新升级的次数；在能够满足生产过程和工艺发展需要的前提下，追求较高的性价比；要考虑到系统的可扩展性，为增加新的硬件提供便利的条件，为开发新的应用软件留有余地；要考虑到软件开发和维护手段方面，因为计算机硬件一旦发生故障就会造成停产，带来较大的经济损失。所以在进行系统配置时，除了对各种系统技术功能和使用性能指标合理评价外，还要把系统的可靠性放在首位。

外部设备简称为"外设"，是计算机系统中输入、输出设备（包括外存储器）的统称，对数据和信息起着传输、转送和存储的作用，是计算机系统中的重要组成部分。外设一般包括显示器、鼠标、键盘、调制解调器、打印机等。

HMI 设备是安装在各个操作室和计算机室的计算机。通过 HMI，操作人员可以了解过程控制级的有关信息以及输入必要的数据和命令。

过程控制级计算机系统的通信网络比较简单，一般采用以太网连接，光口通信速度为 1000Mb/s，电口通信速度为 10Mb/s、100Mb/s、1000Mb/s 自适应。

4.2.2.2 过程控制级系统的软件组成

过程控制级计算机的软件由系统软件、中间件（又称支持软件）、应用软件构成。

系统软件是面向计算机的软件，与应用对象无关。系统软件一般包括以下内容：操作系统、汇编语言、高级语言、数据库、通信网络软件、工具服务软件。系统软件中的主要部分是操作系统。操作系统是裸机之上的第一层软件，它是整个系统的控制管理中心，控制和管理计算机硬件和软件资源，合理地组织计算机工作流程，为其他软件提供运行环境。过程控制级系统常采用的操作系统有 OPEN VMS（针对 Alpha 计算机）、Windows NT/2000、Unix 等。

中间件是介于系统软件和应用软件之间的软件。支持软件是一种软件开发环境，是一组软件工具集合，它支持一定的软件开发方法或者按照一定的软件开发模型组织而成。

过程控制级计算机的应用软件是实时软件。实时软件是必须满足时间约束的软件，除了具有多道程序并发特性以外，还具有实时性，在线性和高可靠性。实时性，即如果没有其他进行竞争 CPU（central processing unit，中央处理器），某个进程必须能在规定的响应时间内执行完；在线性，即计算机作为整个冶金生产过程的一部分，生产过程不停，计算机工作也不能停；高可靠性，即可避免因为软件故障引起的生产事故或者设备事故的发生。

4.2.2.3 生产过程数字模型

对于现实世界的一个特定对象，为了一个特定的目的，根据特有的内在规律做出一些必要的简化假设，运用适当的数学工具可得到一个数学结构。数学模型则是由数字、字母或其他数学符号组成的，描述现实对象数学规律的数学公式、图形或算法。

数学模型具有以下特点：

（1）模型的逼真性和可行性。一般来说，总是希望模型尽可能地逼近研究对象。但是一个非常逼真的模型在数学上常常是难以处理的；另外，越逼真的数学模型常常越复杂。所以，建模时往往需要在模型的逼真性与可行性之间做出折中和抉择。

（2）模型的渐进性。稍微复杂一些的实际问题的建模通常不可能一次成功，要经过建模过程的反复迭代，包括由简到繁，也包括删繁就简，以获得越来越满意的模型。

（3）模型的鲁棒性。模型的结构和参数常常是由模型假设及对象的信息（如观测数据）确定的，而假设不可能特别准确，观测数据也是允许有误差的。一个好的数学模型应该具有下述意义的鲁棒性：当模型假设改变时，可以导出模型结构的相应变化；当观测数据有微小改变时，模型参数也只有相应的微小变化。

（4）模型的可转移性。模型是现实对象抽象化、理想化的产物，它不为对象的所属领域所独有，可以转移到其他领域，例如，在生态、经济、社会等领域内建模就常常借用物理领域中的模型。这种属性显示了模型应用的广泛性。

（5）模型的非预制性。虽然已经发展了许多应用广泛的数学模型，但是实际问题是多种多样的，不可能要求把各种模型做成预制品以供人们在建模时使用。

（6）模型的条理性。从建模的角度考虑问题可以促使人们对现实对象的分析更全面、更深入、更具条理性，这样，即使建立的模型由于种种原因尚未达到实用的程度，对问题的研究也是有利的。

（7）模型的局限性。模型的局限性具有两方面的含义：

1）由数学模型得到的结论虽然具有通用性和精确性，但是因为模型是将现实对象简化、理想化的产物，所以一旦将模型的结论应用于实际问题就回到了现实世界，那些被忽视、简化的因素必须考虑，于是结论的通用性和精确性只是相对的、近似的。

2）由于受人们认识能力和科学技术发展水平的限制，还有不少实际问题很难得到具有实用价值的数学模型。一些内部机理复杂、影响因素众多、测量手段不够完善、技艺性较强的生产过程，如冶炼过程，常常需要开发专家系统与建立数学模型相结合，才能获得较满意的应用效果。

数学模型可以按照不同的方式分类。按照模型的表现特性，可分为确定性模型和随机性模型（取决于是否考虑随机因素的影响）、静态模型和动态模型（取决于是否考虑时间因素引起的变化）、线性模型和非线性模型（取决于模型酝酿关系）、离散模型和连续模型；按照建模的目的，可分为描述模型、预报模型、优化模型、决策模型、控制模型等。

4.2.3　基础自动化级

基础自动化级从过程控制级接收设定数据，经过相应的运算处理后再下达给传动系统和执行机构。相反，基础自动化级还要从仪器仪表采集实时数据并反馈给过程控制级，以便于过程控制级进行自学习和统计处理。

4.2.3.1　基础自动化级的控制器

基础自动化级所采用的控制器多种多样，如智能化控制仪表、可编程控制器（PLC，programmale logic controller）、通用工控机、专用计算机、DCS（distributed control system，分布式控制系统，也被称为集散控制系统）控制器、各种总线型控制器等。我国冶金工业现场大量使用的基础自动化级数字控制器主要是PLC。

可编程控制器是一台计算机，它是专为工业环境应用而设计制造的计算机。可编程控制器具有如下特点：

（1）用模块化结构，便于集成。

（2）I/O（input/output，输入输出）接口种类丰富，包括数字量（交流和直流）、模拟量（电压、电流、热电阻、热电偶等）、脉冲量、串行数据等。

（3）运算功能完善，除基本的逻辑运算、浮点算术运算外，还有三角运算、指数运算、定时器、计数器和 PID（proportion integration differentiation，比例积分微分）运算等。

（4）编程方便，可靠性高，易于使用和维护。

（5）系统便于扩展，与外部连接极为方便。

（6）通信功能强大，配合不同通信模块（以太网模块、各种现场总线模块等）可以与各种通信网络实现互联。

（7）通过不同的功能模块（如模糊控制模块、视觉模块、伺服控制模块等）还可完成更复杂的任务。

在生产过程中，一些快速被控对象，如电气和液压传动系统等设备控制和工艺参数控制的周期都非常短，一般为 6~20ms，有些甚至达到 2~3ms，这和以热工参数（温度、压力、流量）为主的生产过程相比，控制周期快 20~40 倍。而且现代的生产过程中控制功能众多且集中，以带钢热连轧精轧机组为例，7 个机架上集中了几十个机电设备的电气控制、20 多个位置或恒压力的液压控制、自动厚度控制（AGC，automatic gauge control）、自动板形控制（ASC，automatic shape control）、主速度（级联）控制、6 个活套高度和活套张力控制、精轧机组终轧温度控制、自动加减速及顺序控制等共近 55 个控制回路，因此要求采用多控制器，控制器内采用多处理器结构的高性能控制器，并且要求这些控制器能够支持多种通信协议和高速通信网络。

常见的几种多 CPU 高性能控制器有 GE VMIC 控制器、SIMADYN D 控制器、SIMAT-ICTDC 控制器。

4.2.3.2 基础自动化级通信

基础自动化级通信具有通信类型多、实时性好、稳定性高、数据量少、连接设备多等特点。

串行通信是最常见的通信方式。它是指通信的发送方和接收方之间数据信息的传输是在单根数据线上，以每次一个二进制的 0 或 1 为最小单位进行传输。串行通信的特点是数据按位顺序传送，最少只需一根传输线即可完成，成本低；但传输速度慢。串行通信的距离可以从几米到几千米。RS-232、RS-422 与 RS-485 都是串行数据接口标准。

以太网是目前应用最广泛的一种网络。以太网是开放式广域网，可以用于复杂和广泛的、对实时性要求不高的通信系统。工业上使用的以太网称为工业以太网，它符合国际标准 IEEE 802.3，使用屏蔽同轴电缆、屏蔽双绞线和光纤等几种通信介质。由于工业现场环境比较恶劣，电磁干扰很强，因此对通信电缆的屏蔽性能要求很高，普通的屏蔽已经无法满足需要，必须使用专业屏蔽电缆。其拓扑结构可以是总线型、环型或星型，传输速率为 10Mb/s、100Mb/s、1000Mb/s。目前工业上一般用 100Mb/s，采用电气网络时，两个终端间最大距离为 4.6km，如果使用光纤可达几十千米。

在工业控制系统中，以太网可以用于区域控制器之间、控制级之间，或与人机界面之间的通信。

现场总线是应用于生产现场、在微机化测量与控制设备之间实现双向串行多节点数字通信的系统，是一种开放的、数字化的、多点通信的底层控制网络。

目前，世界上许多控制系统集成和制造商都采用超高速网络来满足高速控制和高速数据交换的要求。它不占用 CPU 时间，也无需其他软件支持，是工业领域中一种最先进的、最快速的、实时的网络解决方案。具有代表性的是美国 GE VMIC 公司的"内存映象网"和德国西门子公司的"全局数据内存网"两种超高速网络。

本地 I/O 与远程 I/O 控制器的 I/O，按信号的接入途径可以分为本地 I/O 和远程 I/O 两大类。本地 I/O，是指其 I/O 接口模板与主控制器 CPU 模板插在同一机箱中或本地扩展机箱中的 I/O 信号。本地 I/O 可以由一个主机箱和多个扩展 I/O 机箱组成，主机箱与扩展机箱间通过并行总线扩展电缆相连。远程 I/O 是指现场信号首先进入控制器的远程 I/O 站（与主控制器柜不在同一个地点），然后再通过网络将信号送入主控制器。

随着现场总线技术的发展，基于总线技术的远程 I/O 逐渐发展起来。几乎世界上所有的 PLC 和控制器的集成制造商都推出了各自的适用于不同现场总线的网络接口模板。根据总线形式不同，可以配置不同的网络接口模块，而 I/O 模块是通用的，不受总线类型的限制，因此可以将不同总线的 I/O 信号都接入到同一个主控制器中。

现在许多智能仪表也都可以配置网络接口模板，如编码器、调节阀、流量计等，可以直接经过现场总线网络与主控制器建立连接，克服了模拟信号易受环境干扰的问题，并解决了测量值和反馈值的精确传输问题。

这些总线 I/O 产品的体积都比较小，而且在设计时就考虑到维护的方便性，在现场不用拆线就可以更换故障模块。为了适应工业现场的恶劣环境，许多现场总线 I/O 产品的防护等级都可以达到防尘、防水、抗震动、抗电磁干扰的 IP67 标准。有些还具有自诊断功能，可以向系统发出诊断信息，帮助技术人员进行排障和查错。

目前世界上比较典型的几种远程 I/O 产品有：西门子公司的 ET200 系列（包括 ET200B、ET200M、ET200L、ET200X 等几种），GE 公司的 Versa Max、Field Control、I/O Block 等系列。另外，还有一些专业生产制造现场总线产品的公司，如德国的图尔克公司等。

4.2.3.3　网络技术

计算机网络是用通信线路将分散在不同地点并具有独立功能的多台计算机系统互相连接，按照网络协议进行数据通信，实现资源共享的信息系统。

企业根据自己的需求建立的计算机网络系统，即为企业网。企业网中的一个重要分支是工业企业网，它是工业企业的管理和信息基础设施，是为满足工业企业获取、分析信息和决策，实现工业企业规模经营和灵活经营，降低生产成本，提高企业经营效益的要求而建立的。同时，工业企业网也是计算机技术、网络与通信技术和控制技术在企业中的融合和应用。

企业网的概念在 20 世纪 80 年代便已提出，是指在企业和与企业相关的范围内，为了实现资源共享、优化调度和辅助管理决策，通过系统集成的途径而建立的网络环境，是一个企业的信息基础设施。企业网是网络化企业组织的管理理念的体现，它是一种哲理。在当前意义上，企业网的主流实现形式基本上是以 Intranet 为中心，以 Extranet 为补充，依托于 Internet 而建立的。

工业企业网是企业网中的一个重要分支，是指应用于工业领域的企业网，是工业企业的管理和信息基础设施。它在体系结构上包括信息管理系统和网络控制系统，体现了工业企业管理控制一体化（或称为信息控制一体化）的发展方向和组织模式。网络控制系统作为工业企业网中一个不可或缺的组成部分，除了完成现场生产系统的监控以外，还实时地收集现场信息与数据，并向信息管理系统传送。网络控制系统是在控制网络的基础上实现的控制系统。工业企业网技术是一种综合的集成技术，它涉及计算机技术、通信技术、多媒体技术、管理技术、控制技术和现场总线技术等。应用需求的提高和相关技术的发展，要求企业网能同时处理数据、声音、图像、视频等多媒体信息，满足企业从管理决策到现场控制自上而下的应用需求，实现对多种媒体、多种功能的集成。

从功能来讲，工业企业网的结构可分为信息网和控制网上、下两层。

（1）信息网。信息网位于工业企业网的上层，是企业数据共享和传输的载体。它需满足如下要求：

1）是高速通信网。

2）能够实现多媒体的传输。

3）与 Internet 能互联。

4）是一个开放系统。

5）满足数据安全性要求。

6）技术上易于扩展和升级。

（2）控制网。控制网位于工业企业网的下层，与信息网紧密地集成在一起，服从信息网的操作，同时又具有独立性和完整性。它的实现既可沿用工业以太网，也可采用自动化领域的新技术——现场总线技术，还可将两者结合应用。

（3）信息网络与控制网络互联的意义及逻辑结构。传统的企业模型具有分层递阶结构，然而随着信息网络技术的不断发展，企业为适应日益激烈的市场竞争，已提出分布化、扁平化和智能化的要求。一是要求企业减少中间层次，使得上层管理与底层控制的信息直接联系；二是扩大企业集团内不同企业之间的信息联系；三是根据市场变化，动态调整决策、管理和制造的功能分配。信息网络和控制网络的互联主要从以下几点考虑：

1）将测控网络连入更大的网络系统中，如 Intranet、Extranet 和 Internet。

2）提高生产效率和控制质量，减少停机维护和维修的时间。

3）实现集中管理和高层监控。

4）实现异地诊断和维护。

5）利用更为及时的信息提高控制管理决策水平。

信息网络与控制网络之间是连接层，连接层在控制网络和信息网络应用程序之间进行一致性连接起着关键作用。它负责将控制网络的信息表达成应用程序可以理解的格式，在解决实际问题时，为了最大限度地利用现有的工具和标准，用户希望采用开放策略解决互联问题，各种标准化工作的展开和进展对控制网络的发展是极为有利的。

工业企业网为企业综合自动化服务。信息网络一般处理企业管理与决策信息，位于企业中上层，具有综合性强、信息量大等特征。控制网络处理企业实时控制信息，位于企业中下层，具有协议简单、安全可靠、成本低廉等特征。

局域网（LAN，local area network）是指将有限区域内的各种数据通信设备通过媒体等互联在一起，在网络操作系统的支持下，实现资源共享、信息交换的通信网络。

高速以太网主要包括 100Base-TX、100Base-FX、100Base-T4 和 100Base-T2，其中应用最广泛的是 100Base-TX 和 100Base-FX。

ATM 作为电信网的一种新技术，不仅适用于高速信息传送和对 QOS（quality of service，服务质量）的支持，还具备了多种综合业务的能力以及动态带宽分配与连接管理能力，对已有技术具有兼容性。

Intranet 是 Internal Internet 的缩写，称为企业内联网。它是应用 Internet 中的 Web 浏览器、Web 服务器、超文本标记语言（HTML，hyper text mark-up language）、超文本传送协议（HTTP，hyper text transfer protocol）、TCP/IP（transmission control protocol/Internet protocol）网络协议和防火墙等先进技术建立，供企业内部进行信息访问的独立网络。

Extranet 是 Intranet 的延伸和扩展。Intranet 的着眼点在于企业内部，是一种与外部世界完全隔离的内部网络；而 Extranet 是一个使用 Intranet 技术，使企业与其客户和其他相关企业相连以完成共同目标的交互式合作网络。Extranet 中的信息交流着眼于企业与外部，即企业与客户、企业与贸易伙伴之间的信息交流。

与 Intranet 相比，Extranet 不是新建的物理网络，而只是利用公用网和已有 Intranet 组织的一种虚拟的"专用"网络，通过不定期访问控制和路由表连接若干个 Intranet，利用 Intranet 技术将企业与供应商、合作伙伴、相关企业、客户连接在一起，促进彼此间的联系与交流。同时，与 Intranet 一样，企业内部一侧的防火墙提供充分的访问控制，使得访问者只能看到其被允许看到的信息。

4.2.3.4　人机界面

人机界面（HMI）是现代计算机控制系统的一个主要特点。它采用大屏幕高分辨率显示器显示过程工艺数据，画面内容丰富，可以动态地显示数字、棒图、模拟表、趋势图等，结合键盘、触摸屏、鼠标器、跟踪球等设备，使生产现场的操作工人、维护人员和技术人员可以方便地进行操作。HMI 一般具有下列功能：

（1）操作员可以在任意时刻通过 HMI 监视生产过程的有关参数，包括过程变量、基准值、控制器输出值和反馈值等。

（2）具有过程数据的实时显示和历史记录功能。

（3）能够完成系统报警显示功能。

（4）应用多媒体技术使得画面更加生动活泼，还可以提供语音功能。

人机界面一般都运行在以 PC 机为基础的环境下，而 Windows 又是最流行的操作系统。因此，人机界面的软件一般都基于 Microsoft Windows NT/2000 操作系统。Microsof Windows 平台为这些产品提供了高速、灵活和易于使用的环境，利用这些特点可以加快人机界面应用程序的开发速度，缩减开发成本，降低项目实施和运行周期，减少维护费用。

一般人机界面软件至少应该具有下述基本功能：

（1）集成化的开发环境。

（2）增强的图形功能。

（3）报警组态。

（4）趋势图功能。

（5）数据库连接能力。

（6）画面模板及向导。

（7）项目管理功能。

（8）开放的软件结构。

（9）演示系统。

（10）提供多种通信驱动，可以与多种品牌的控制器建立通信连接。

更进一步的，人机界面软件还应该具有下述增强功能：

（1）内嵌高级编程语言，如 C 语言、VB 等。

（2）支持 Active X。

（3）全面支持 OPC，OPC 即 OLE for process control，是用于过程控制的 OLE（object linking and embedding，对象连接与嵌入）技术。

（4）具有交叉索引功能。

（5）支持分布式数据库、C/S（client/server，客户机/服务器网）网络结构。

（6）提供多重冗余结构。

（7）具有灵活的专业报表生成工具。

（8）支持多国语言。

4.2.3.5　电气传动控制系统

由于生产技术的发展，特别是精密机械加工和冶金、交通等工业生产过程的进步，在启制动、正反转以及调速范围、静态特性和动态响应方面对调速电气传动、伺服传动以及位置控制等都提出了更高的要求。

直流电动机比交流电动机在技术上更容易满足上述要求。直流调速传动系统把三相交流电源转换为电压电流可调的直流电源，直接向直流电动机供电，完成调速任务。在直流电动机中，磁场由流过定子励磁线圈的电流产生。该磁场总是与电枢线圈产生的磁场相垂直，这种状态称为磁场定向，它能产生最大的转矩。不管电动机转子在何位置，电刷换向器装置都始终保证以上两磁场互相垂直。一旦完成磁场定向，直流电动机的转矩就很容易地通过改变电枢电流及保持励磁电流恒定来控制。直流传动的优点是：转矩和速度这两个变量是由电枢电流直接进行控制的，转矩是内环控制，速度是外环控制；具有精确、快速的转矩控制和高效的速度响应，并且控制简单。

目前，实际应用更为广泛的是交流电动机的交流传动系统。交流传动逐步具备了宽调速范围、高稳态精度、快速响应及四象限运行等良好的技术性能，并实现了交流调速装置的产品系列化。随着交流调节技术的迅猛发展，交流调速将逐步取代直流调速。

交流电动机又分为同步交流电动机和异步交流电动机，相应地就产生了同步交流电动机调速系统和异步交流电动机调速系统。

同步电动机只能依靠改变频率来进行调速，而根据频率控制方式的不同，可把同步电动机调速系统分为他控式和自控式两种类型。如果用独立的变频装置作为同步电动机的变频电源进行调速，则称为他控式同步电动机调速系统，其大多用于类似永磁同步电动机的小容量场合。采用频率闭环方式的同步电动机调速系统则称为自控式同步电动机调速系统，它是用电动机轴上安装的位置检测器来控制变频装置触发脉冲，使同步电动机工作在自同步状态。自控式同步电动机调速系统又可细分为负载换向自控式同步电动机调速系统和交流变频供电的自控式同步电动机调速系统。

在异步电动机中，从定子传入转子的电磁功率可以分成两部分：一部分是拖动负载的有效功率；另一部分是转差功率，与转差率成正比，它的去向（消耗掉或回馈给电网）是调速系统效率高低的标志。按照转差功率处理方式的不同，异步电动机调速系统可分成三大类：

（1）转差功率消耗型调速系统。这种调速系统的全部转差功率都被消耗掉，用增加转差功率的消耗来换取转速的降低，因而效率也随之降低。例如，降电压调速、电磁转差离合器调速及绕线异步电动机转子串电阻调速。

（2）转差功率回馈型调速系统。这种调速系统的大部分转差功率通过变流装置回馈给电网或者加以利用，转速越低，回馈的功率越多，但是增设的装置也要多消耗一部分功率。绕线异步电动机转子反馈调速即属于这一类。

（3）转差功率不变型调速系统。在这种调速系统中，转差功率仍旧消耗在转子里，但不论转速高低，转差功率都基本不变。例如，变极对数调速和变频调速。

4.2.3.6 液压传动控制

液压控制系统有连续控制型和离散控制型两大类，前者主要是伺服控制系统；后者主要是开关控制系统，实现液压传动系统的启停工作以至完成复杂的循环。液压伺服系统可以用如图 4-2 所示的方块图来表达。

由图 4-2 可见，液压伺服系统的工作原理是把输入信号（一般为机械位移或电压）与被控制量的反馈信号进行比较，将其差值传送给控制装置，以变更液压执行元件的输入压力或流量，使负载向着减小信号偏差的方向动作。

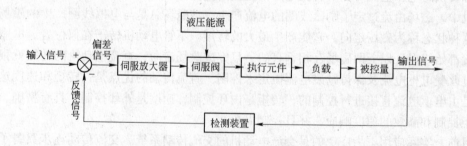

图 4-2 液压伺服系统方块图

液压伺服系统通常由以下几部分组成：

（1）控制装置（伺服放大器和伺服阀等）。接受输入信号和反馈信号，比较、放大和转换后变成液压参量，对执行元件进行控制。

（2）执行装置（液压缸或发动机）。接受控制驱动负载。

（3）反馈装置（检测装置）。通过传感器（位移、速度、压力或力传感器）将被控制量检测出来，通过放大校正后反馈到输入端去。

（4）能源装置（定量泵站或变量泵站）。为系统提供驱动负载所需的功率。

通常液压伺服系统按照被控制的物理量，可分为位置伺服系统、速度伺服系统、压力伺服系统、负载力伺服系统和转矩伺服系统。衡量液压伺服系统的性能主要有以下几个技术指标：稳定性、灵敏度、瞬态响应、频率响应、稳态精度和综合性能指标。

电液伺服系统综合了电气和液压两方面的特长，具有控制精度高、响应速度快、输出功率大、信号处理灵活和易于实现各种参量的反馈等优点，因而被广泛应用于国民经济和军事工业的各个技术领域。

4.2.4 冶金生产计算机控制的分类和基本特点

4.2.4.1 冶金生产计算机控制的分类

冶金生产过程按其工艺流程特点，可以分成冶炼生产过程和轧钢生产过程。冶金生产过程按控制方法可分为两大类过程：

（1）以热工系统为基本控制对象或以数据采集调度及热工参数控制为基本内容的"慢过程"，属于这一类的有原料准备、炼铁、炼钢及连铸过程；

（2）以机电液压系统为基本控制对象及以快速闭环控制为基本内容的"快过程"，属于这一类的是轧钢生产过程，特别是带钢冷、热连轧生产线。

上述两大类过程所采用的计算机控制系统（主要是其基础自动化级）是完全不同的，这是由上述两大类生产过程所具有的不同特点所决定的。

4.2.4.2 冶金生产计算机控制的基本特点

冶金生产过程按控制对象可分为冶炼和轧钢两大类过程，这两大类过程的计算机控制具有不同的特点。

A 冶炼过程计算机控制的基本特点

冶炼过程计算机控制的基本特点如下：

（1）由于对象是热工系统，惯性大，控制相对来说较慢，数据采集及调度也不需要快，其控制周期为 300~500ms，因此可称为"慢过程"。

（2）热工系统往往要求控制系统可靠性高，不仅需采用冗余系统，在 I/O 上还必须留有人工设定的能力。

（3）毫伏级模拟信号较多，控制机构往往是阀门等。

（4）冶炼过程计算机控制系统基本上属于仪表控制系统范畴。

B 轧钢过程计算机控制的基本特点

轧钢过程计算机控制的基本特点如下：

（1）要求快速控制。由于控制对象是机电、液压系统，因此要求快速控制，现代轧机设备控制及工艺参数控制周期一般为 6~20ms，液压位置控制或液压恒压力控制系统要求控制回路的周期小于 10ms，机电设备控制或工艺参数自动控制（厚度、宽度等）周期则也应小于 20ms（温度控制周期可以适当放慢）。这和以热工参数（温度、压力、流量）为主的生产过程相比，控制周期快 20~40 倍。

（2）控制功能众多而且集中。以带钢热连轧精轧机组为例，7 个机架总共有将近 55 个控制回路，因此要求采用多控制器、多处理器结构。

（3）功能间相互影响。例如，当自动厚度控制系统调整压下控制厚度时，必将使轧制力变化，从而改变轧辊弯曲变形而影响辊缝形状，最终影响出口断面形状和带钢平直度（板形）；而当自动板形控制系统调整弯辊控制断面形状及平直度时，必将改变辊缝形状而影响出口厚度。

（4）多个功能需共享输入和输出模块。例如，AGC 和 APC（automatic position control，自动位置控制）都是输出控制信号控制电动压下或液压压下。

前两个特点要求系统采用处理能力强的快速 CPU，并采用多 CPU 控制器及多控制器系统；而后两个特点则要求系统具有快速通信能力。因此，具有快速处理能力，将是配置轧钢，特别是带钢热连轧分布式计算机控制系统所需考虑的特点，由此必将构造出一类配置特殊的计算机控制系统。

4.3　高炉炼铁生产及过程控制

4.3.1　生产工艺简述

高炉炼铁是把铁矿石还原成生铁的冶炼过程。

高炉炼铁的大致冶炼过程是：铁矿石、焦炭和熔剂从高炉炉顶装入，热风从高炉下部风口鼓入，随着风口前焦炭的燃烧，炽热的煤气流高速上升。下降的炉料受到上升煤气流的加热作用，首先蒸发吸附水，然后被缓慢加热至 800~1000℃。铁矿石被炉内煤气 CO 还原，直至进入 1000℃ 以上的高温区，转变成半熔的黏稠状态，在 1200~1400℃ 的高温下进一步还原，得到金属铁。金属铁吸收焦炭中的碳，进行部分渗碳之后，熔化成铁水。铁水中除含有 4% 左右的碳，还含有少量的 Si、Mn、P、S 等元素。铁矿石中的脉石也逐步熔化成炉渣。铁水和炉渣穿过高温区焦炭之间的间隙滴下，积存于炉缸，再分别由铁口和渣口排出炉外。

在高炉各区域进行的上述物理化学变化，总称为高炉冶炼过程。这个过程是在高炉这一封闭体系中同时不断地进行着的。因此，高炉是固相、液相，气相三相共存的反应装置。

高炉是一个竖立的炉体。其本体结构包括炉基、炉壳、炉衬、冷却设备及金属结构。高炉设备除本体外，还有以下附属设备：上料设备、装料设备、送风设备、煤气除尘设备、喷吹设备和环境集尘设备。图 4-3 为高炉生产设备流程简图。

高炉炼铁的原料主要有铁矿石（包括人造富矿）、熔剂和燃料。一般冶炼 1t 生铁需要 1.5~2.0t 铁矿石，0.4~0.6t 焦炭，0.2~0.4t 熔剂。为了实现高炉的高产、优质、长寿和低消耗，应向高炉提供品位高、强度好、粒度适宜、有害杂质少、性能稳定和数量足够的原料。原料是保证高炉正常有效生产的物质基础。

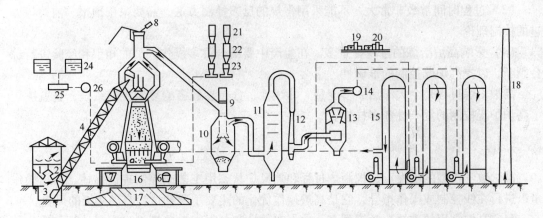

图 4-3 高炉生产设备流程简图

1—贮矿槽；2—焦仓；3—料车；4—斜桥；5—高炉本体；6—铁水罐；7—渣罐；
8—放散阀；9—切断阀；10—除尘器；11—洗涤塔；12—文氏管；13—脱水器；
14—净煤气总管；15—热风炉（三座）；16—炉基基墩；17—基座；18—烟囱；
19—蒸气透平；20—鼓风机；21—煤粉收集罐；22—储煤罐；23—喷吹罐；
24—储油罐；25—过滤器；26—油加压泵

4.3.2 高炉冶炼生产的过程控制级

4.3.2.1 高炉炼铁计算机控制系统的主要功能

高炉计算机控制系统的主要功能有原料数据处理、炉顶控制和布料控制、炉体控制和热风炉自动控制。

高炉所用的原料（矿石、烧结矿和球团矿、焦炭）在进入装料系统之前，应先分析一下它的各种成分指标。为此，首先要对原料进行数据处理；其次，应对每种原料的库存量进行监视预报处理，以便提出新的进料方案和生产计划。装配称料系统是按工艺要求进行各种料的配比，其中称料子系统是重要的计量过程，各种料配好后可进入装配料过程。有料钟和无料钟的高炉均需一个闭环的布料控制系统和炉顶的辅助控制系统。对于无料钟的高炉系统，应当进行炉中料顶表面参数监视、测量并反馈到布料系统，进行定位布料。炉体控制系统是关键部分，它的测量点特别多，有众多的温度点、炉压、各种炉内成分分析等工艺参数均要被监视和反馈给炉体控制系统；另外，炉体工况的数学模型既有理论难度又需要大量生产实际的统计知识，还要有实用的控制效果验证。热风炉是钢铁厂的能耗大户，热风炉过程控制得好坏直接影响高炉生产。热风炉自动控制的主要内容是燃烧控制和换炉控制，对废气、氧含量、最佳燃烧进行控制。其数学模型由煤气流量计算模型、拱顶温度模型和废气温度模型等子模型组成。

高炉炉况控制的主要特点有：

（1）高炉的生铁冶炼过程是在密闭状态下进行的，过程参数大多不能直接观测，只能间接测量过程的输入、输出变量，通过这些变量来间接认识冶炼过程，建立炉况模型。

（2）生铁冶炼是一个在高温下进行的复杂物理、化学与气体动力学过程，不均匀性与非线性都比较大。

（3）过程时间常数非常大，不能采用常规的反馈控制方法，需要采用预报、前馈等先进的控制理论。

（4）影响高炉冶炼的过程变量多，在生产中要结合许多操作人员的知识和经验进行综合判断，以提高炉况控制的准确性。

高炉冶炼过程是个大滞后、多变量、非线性、分布参数多的复杂控制系统，这就决定了高炉炉况控制的复杂性和多样性。

4.3.2.2　高炉数学模型

高炉数学模型的出发点是把高炉过程和热风炉状态用工艺或控制理论描述，算出操作量以进行在线控制或操作指导，它是高炉操作优化的主要手段和过程自动化级的灵魂。

目前高炉常用的主要数学模型有：数据有效性和可靠性检验模型、配料计算与优化数学模型、炉热判定模型、高炉炉况预测数学模型、无料钟布料控制数学模型、热风炉控制数学模型、软熔带形状推断数学模型、高炉操作预测模型、热风炉操作预测模型。

A　数据有效性和可靠性检验模型

数据有效性和可靠性检验模型对数学模型来说是至关重要的，不准确的数据可能导致数学模型得出荒谬的结果，因此对数据的有效性（研究指出，它主要是检测仪表系统造成的误差）、可靠性和一致性要进行检验。

B　配料计算与优化数学模型

由于生铁的成本大部分取决于原料，故合理配料是降低成本的主要途径。人工计算不仅费时，而且当操作改变时要快速并合理地改变配料是困难的，但用线性规划和电子计算机则可很容易地获得最佳的、成本最低的原料配比。

C　炉热判定模型

炉热判定模型是新日铁于 20 世纪 70 年代开发的（现仍沿用）。它包括 6 个子模型，共输入 25 个量，如喷煤量，压缩空气流量、温度和湿度，送风流量以及加湿前后的湿度、温度和压力，焦炭成分，炉顶煤气成分，铁水温度、硅含量以及成分，每批料中焦比、石灰石装入量和碳含量，矿渣比，生铁生成量，炉尘量，风口前端温度，操作动作量等。

炉热判定模型的 6 个子模型包括：炉热指数计算模型、根据炉热指数建立的铁水硅含量和铁水温度预报模型、根据高炉过去操作响应建立的铁水硅含量和铁水温度预报模型、基准动作单位数计算模型、基准动作单位数修正模型以及实际动作量计算模型。

D　高炉炉况预测数学模型

高炉炉况预测数学模型大致有两类：第一类以 Reichardt 的分段热平衡计算为代表，最早有法国钢铁研究院的高炉数学模型，但它仅在高炉操作稳定时有效，在炉况不正常时不适用；第二类是以多个参数判断炉况，初期有 1962 年美国内陆钢铁公司的高炉数学模型，它计算 6 个表征炉况的指数，借此进行炉况综合判断，近年来发展成用理论推断炉内状况并与实践经验评价相结合，从而把各参数定量化来综合判断，这种方法在实践中可获得比较好的结果。第二类模型发展迅速并已实用化，这类模型有日本川崎钢铁公司（川崎制铁）的炉况判定系统（GO-STOP），新日铁的高炉操作管理系统（AGOS）、高炉冶炼状态预测模型（BRIGHT），日本钢管福山厂的不稳定状态炉况预测系统（FLAG）、炉况诊断系统（PILOT）。有人曾尝试运用现代控制理论（如系统辨识理论、多输入输出理论）

来预测炉况，但均未能实用化。

GO-STOP 高炉炉内管理系统，是通过将高炉工艺机理和操作经验相结合的方法建立的。它采用八大参数，即全炉透气性、局部透气性、炉料下降状态、炉顶煤气状态、炉顶煤气分布、炉子热状态、炉体温度和炉缸渣铁残留量的水准，以及四类参数，即风压、各层炉身压力、炉热指数、炉顶煤气 CO 和 N_2 浓度，据它们的变动值进行综合判断得出炉况的"好"、"注意"或"坏"的结论，以便操作人员及时采取措施。

炉况的此类预测模型应用较多，主要有日本川崎、新日铁、钢管福山厂。以日本川崎钢铁公司为例，炉况判定方法如下：

第一步，总透气性测定值与经验设定边界值比较得出"好"、"注意"或"坏"。

第二步，将各参数（八大、四类）测定值按公式计算后，与相应边界值比较，得出"好"、"注意"或"坏"。

第三步，按基准和变动综合判断，并与边界值比较判定"好"、"注意"或"坏"。

如高炉计算机应用"专家诊断"软件，可根据"专家"给出的操作建议，执行操作。

E　无料钟布料控制数学模型

使用无料钟炉顶的高炉通常是采用改变溜槽倾角的方法，使物料布落在预定的料环位置上以达到期望的煤气流分布。可利用理论计算方法，也可采用开炉前实测法以获得倾角与落料位置之间的关系。卢森堡 PW 公司推荐按等容积和等高度计算，将高炉料面分为 11 个料环，每个料环对应一个溜槽倾角。因高炉料面高度会变化，所以按三个料线考虑，在布料控制系统中存有反映三个高度的料环位置（编号 1~11）和对应倾角的表格以备选用。上述 11 个料环位置的划分是按矩形截面、等容积、等高度计算来确定的。

现在发达国家的高炉大都运用数学模型进行布料，国内也进行许多研究和实践。目前数学模型有两类：一类是仅计算炉料落下轨迹，预测布料及下降情况，以此作为操作员的操作依据和指导；另一类是进一步执行闭环控制。

F　热风炉控制数学模型

热风炉控制数学模型有多种，各公司观点不尽相同。但总的原则都是保护设备，并要将送风的炉子加热到规定能量水准而设定所需的煤气流量，以获得最经济条件。

G　软熔带形状推断数学模型

软熔带的位置和形状与炉况密切相关，它不仅制约着高炉内气、液、固体的流动状态，而且影响着炉内的传热、传质，对高炉操作极为重要。由于直接测量软熔带位置和形状有困难，多采用间接检测并运用数学模型推断的方法。高炉炉内反应区分布，如图 4-4 所示。

推算软熔带位置和形状的数学模型一般有静压模型和热模型两种。静压模型是根据测量炉壁静压力建立的数学模型。热模型是根据测量炉顶径向的煤气温度和煤气成分，来计算炉内温度分布的数学模型。

推算软熔带位置和形状的静压模型使用高炉气体流动模型，预先用回归方法确定了软熔带根部位置与炉壁静压力之间的关系式，然后通过测量炉壁静压力的分布，判断软熔带根部的位置，并推算出软熔带的位置和形状。推算软熔带位置和形状的热模型，由决定炉顶的边界条件和根据这种边界条件计算炉内的温度分布两部分组成。

块状区

主要特征：焦与炭呈交替分布层状,皆为固体状态

主要反应：矿石间接还原、碳酸盐分解反应

软熔区

主要特征：矿石呈软熔状,对煤气阻力大

主要反应：矿石直接还原、渗碳、焦炭气化反应

滴落区

主要特征：焦炭下降,其间夹杂渣铁液滴

主要反应：非铁元素还原、脱硫、渗碳、焦炭气化反应

焦炭回旋区

主要特征：焦炭做回旋运动

主要反应：鼓风中的氧和蒸汽与焦炭及喷入的辅助燃料发生燃烧反应

炉缸区

主要特征：渣铁相对静止,并暂存于此

主要反应：最终的渣铁反应

图 4-4　高炉炉内反应分布示意图

H　高炉操作预测模型

在高炉操作中,希望稳定、节能降耗、提高出铁合格率,但实际中往往要根据当时条件改变操作,这就需要预测改变操作对炉况、利用系数、燃料比以及其他冶炼指标的影响以便决策,即需要模拟高炉现象来求解。这类模型有从日本引进的高炉操作预测模型、瑞典钢铁公司的 KTH 高炉模拟和预报模型,芬兰罗得洛基高炉的炉身模拟也是使用 KTH 模型。

I　热风炉操作预测模型

热风炉操作预测模型给操作者提供一种手段,当高炉操作中某些操作因子(冷风温度、送风温度等)发生变化时,通过该模型的离线计算可以预测由于其变化而引起的格子砖温度分布变化,计算出应投入的煤气量;也可通过本模型评价现行热风炉操作的热效率,或定量地掌握改善的效果;还可通过该模型反映热风炉余热回收设备和混合煤气等情况。

4.3.3　高炉炼铁生产基础控制级

4.3.3.1　高炉炼铁生产检测内容

高炉是密闭机组,高炉检测内容包括炉内状况检测、渣铁状态检测、各风口热风流量分布检测、热风温度检测、风口及冷却壁等漏水的检测、高炉炉衬和炉底耐火材料烧损检测、焦炭水分检测和煤粉喷吹量检测。

A　炉内状况检测

炉内状况检测包括料线检测、料面形状检测、炉喉温度检测、炉喉煤气流速检测、料面上炉料粒度检测、高炉炉顶煤气成分分析、炉身静压力检测、风口前端温度测量、风口回旋区状况监测。

（1）料线检测。现代高炉均装有 2~5 根探尺，装料时由卷扬机将其提起，检测时其被下放或随料面自然下降，探尺的位移信号经自整角机接收器，带动记录仪表指针进行记录，或经脉冲发生器，送 DCS 进行处理。此外，还设有另一套自整角机，用于观测下料速度。由于自整角机接收器有跟随误差，为此近年来采用 S/D 变换方式，即直接把自整角机转角（料线值）变换成数字量以指示料线值，经时间处理后还可输出下料速度值，这种仪表还设有最高、最低料线等报警功能。

（2）料面形状检测。为了测量整个料面形状，通常采用机械式、微波式、激光式和放射线式四种方法。料面仪在设计时充分考虑了辐射的防护问题，因此不会对进行短暂作业的操作人员造成危害。

（3）炉喉温度检测。一般在沿炉喉料面上半径方向的不同部位装设热电偶以测量径向各点温度，一般在高炉四个方向各装一根，其中一根稍长，可以测量中心温度，这种装置称为十字测温装置。炉顶十字测温装置能使高炉工长了解炉内煤气流分布的状况，指导高炉操作。但在生产实践中也发现一些弊端，如：安装在炉喉的十字测温杆阻挡了下落的炉料，使料面上形成了十字形沟槽，影响高炉布料圆周的均匀性；十字测温装置测量的是料面以上煤气流的温度，而煤气流在上升过程中发生混合，这与料面对应位置的温度有差别；十字测温装置不仅存在温度变化的滞后问题，而且只能测量炉喉两条直径上的温度分布情况，不能检测其他位置的状况；此外，十字测温装置设备庞大，安装维护困难，设备费和维修费用较高。因此，近年来大多使用红外摄像的热成像仪来测量炉顶料面温度分布。

（4）炉喉煤气流速检测。炉喉煤气流速检测仪表主要有三种，即皮托管、煤气流速仪、超声波煤气流速仪。

（5）料面上炉料粒度检测。料面上炉料粒度检测采用粒度仪系统。粒度仪除了可检测料面上炉料粒度分布以外，还有以下几种用途：监测料面形状，检测高炉中心有无流态化现象发生，监视高炉中心部位红热焦炭的状况。

（6）高炉炉顶煤气成分分析。高炉炉顶煤气成分通常为 $\varphi(H_2) = 1\% \sim 2\%$，$\varphi(CO) = 20\% \sim 30\%$，$\varphi(CO_2) = 15\% \sim 20\%$，$\varphi(N_2) = 50\% \sim 60\%$；温度为 150~300℃，含尘量为 5~10g/m^3。一般分析出煤气中 CO_2、CO 和 H_2 的含量即可了解炉内反应情况。红外线分析仪可确定炉顶煤气中 CO 和 CO_2 的含量，还可利用连续采样的气体色谱分析仪周期测定煤气中 CO、CO_2、H_2、N_2 的含量，或者采用质谱法分析高炉煤气。炉喉煤气成分分布直接反映炉内不同直径处的反应，故常在大型高炉炉喉的料面下径向插入（或固定安装）采样探杆，采集、分析炉内气样。

（7）炉身静压力检测。在高炉不同高度测量炉身静压力可以较早得知炉况变化，并能较准确地判断局部管道和悬料位置，以便及时采取措施。现代高炉一般在 3~5 个水平面上装设 2~4 个取压口，以测量炉身静压力。炉身静压力检测的主要困难在于取压口不可靠，因为该处不仅高温、多粉尘且易结焦堵塞。

（8）风口前端温度测量。高炉炉缸热状态难以直接测量，故利用嵌入高炉风口前端上部沟槽里的镍铬-镍硅铠装热电偶来测量风口前端附近的热状态，根据该风口水箱壁前端温度，按统计回归公式可求出对应的风口区域温度。

（9）风口回旋区状况监测。在风口窥视孔前设置工业电视或亮度计，可在中控室远程控制使该装置沿轨道移动，并可选择任一风口进行检测，经数据处理，分析吹入燃料量和黑色区面积之间的关系，可以得出喷吹燃烧好坏的评价以及风口前焦粒直径分布和焦炭状态等信息。

（10）测量炉内状况的各种探测器。为了了解炉内状况，还要测量炉内轴向和径向各个水平的煤气成分、温度等参数，以便为改善高炉操作提供依据。在高炉的各个部位装设可移动的探测器，平时在炉外，约每班检测一次，或在需要时插入炉内进行检测。测量炉内状况的各种探测器有：炉喉径向探测器、炉身径向探测器、炉顶垂直探测器、炉腹探测器、风口探测器、三维探测器。

B　渣铁状态检测

渣铁状态检测包括：炉渣流量检测、铁水温度检测、鱼雷罐车液面检测、铁水硅含量检测、鱼雷罐车及铁水罐等砌体形状检测、混铁车车号监测和炉缸铁水液位检测。

C　各风口热风流量分布检测

风口前回旋区情况、煤气流分布以及砌体局部烧损，均与各风口进风流量是否均衡密切相关。现代大型高炉都设有连续检测各风口进风量的装置。图4-5给出了常用的几种各送风支管流量的测量方法。

喷嘴法是苏联于20世纪50年代开发的，它用耐热钢制成喷嘴以测量各支管热风流量。

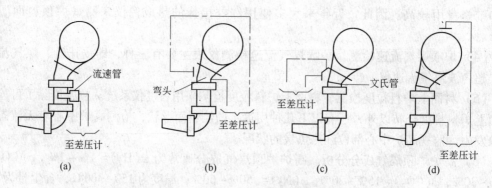

图4-5　各送风支管流量的测量方法
（a）流速管或涡轮流量计法；（b）弯头法；（c）文氏管或喷嘴法；（d）差压法

D　热风温度检测

热风温度检测的传统方法是使用铂铑-铂热电偶，但由于其风温越来越高而难以适应。因此，国外使用辐射高温计来测量热风温度，但热风管内热风温度分布与管道、耐火砌体厚度和热传导系数等有关。此外，为了测得真实温度还需测量离开砖体表面一定距离的温度。为此，德国西门子公司使用对准砖，该砖设在热风管内，用辐射高温计测量砖表面温度，从而获得与热风真实温度一致的温度。

E　风口及冷却壁等漏水的检测

风口及冷却壁等漏水的检测包括风口破损诊断和炉身冷却系统破损诊断。大型高炉有20~40个风口，若风口破损，水便会流入炉内，可能发展成重大事故。风口冷却水流量

大、速度快，故风口前端易发生针孔
状破损，这是人眼所难以观察到的，
必须借助于高精度的仪表才能发现风
口初期的微量漏水。以往曾经使用过
冷却水温度上升法、气体捕集法、监
视炉顶氢气含量法、音响法以及分析
排水中 CO 含量法，但效果都不好。
现在采用的，也是最有效的方法是如
图 4-6 所示的冷却水进出口流量差法，
来监视流量差及出口水量，且低于下
限时报警。所用设备有两种：一是电

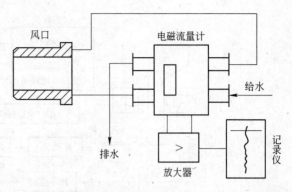

图 4-6　采用冷却水进出口流量差法的风口检漏系统

磁流量计，但一般采用特殊双管电磁流量计，它把两个电磁流量计并在一起，使用同一磁
路、同一供电电源以抵消电压波动和其他影响，最近由于计算机技术的进步和仪表精度的
提高，许多补正可在计算机中进行，从而趋向于使用单独的电磁流量计；二是使用卡尔曼
流量计来测量进出口水量差，以进行风口检测。

由于炉身冷却水箱数量很多，难以采用测量进出水流量差的方法来判断炉身水箱是否
漏水。目前，可用测量水中 CO 含量的方法进行监视，把冷却水箱分成多列并装设多个分
析器，以便判定漏水部分。也可用补充水量的方法，当补充水量超过某一极限流量时视为
漏水。

F　高炉炉衬和炉底耐火材料烧损检测

高炉炉衬和炉底耐火材料烧损检测最初采用同位素法和热电偶法，但由于埋入传感器
数量有限，难以检测出局部侵蚀。为此，利用红外摄像机或热场传感器测出整个炉体中各
异常部位并绘成温度曲线，根据测出数值进行热传导运算，求出各处侵蚀情况。

我国某钢 1 号高炉在炉身、炉底表面装设 166 个热电偶测量温度，以此来监视砌体烧
损情况，并使用多路转换器以减少测量线路的电缆芯数。还有些钢厂的高炉使用 SHM 法
监测高炉炉缸侵蚀情况，它实质上是装设多层热电偶监视温度，例如从第 5 层炭砖开始到
第 10 层炭砖为止，装设 6 层共 44 个测温点，或装设 7 层共 78 个测温点以监视温度，并利
用能量守恒定律和有关边界条件以及热参数建立相应的节点有限差分方程，利用计算机通
过迭代法算出各部位的温度，然后根据傅里叶传热基本方程画出高炉炉缸 1150℃ 的等温
线，从而绘出炉缸受侵蚀形貌。

G　焦炭水分检测

一般是用中子水分计来测量焦炭水分的，但由于焦炭堆积密度变化，仪表运算精度
差。日本钢铁公司开发的新型焦炭水分计原理如图 4-7 所示，采用 ^{252}Cf 射源，其中子与 γ
射线的平均能量为 2MeV，水分测量范围为 0% ~ 15%，密度为 $0 ~ 1g/cm^3$。当装载焦炭容
积厚度在 1000mm 以下时，料斗壁厚在 9mm 以下，接收器与料斗间隙约为 100mm，测量
精度为 ±0.5%。

H　煤粉喷吹量检测

现代高炉都通过喷吹煤粉等来降低焦比，有的喷吹煤粉，有的喷吹重油或重油与煤粉
的混合物。对于前者喷吹量的检测属于气、固两相流量测量，对于后者则为液、固两相流

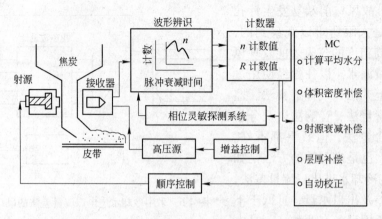

图 4-7 日本钢铁公司开发的新型焦炭水分计原理图

量测量。对于喷吹煤粉总量的测量，已通过采用电子秤法得到解决；但对于喷进各风口支管的两相流量的测量，则是目前各国致力于解决的问题。下列几种方法已获得小范围内的应用：

（1）利用超声多普勒效应，测量油和煤粉混合物流量的装置。

（2）电容相关法单支管煤粉流量计。

（3）电容噪声法单支管煤粉流量计。

4.3.3.2 高炉炼铁生产控制内容

A 高炉本体控制

a 高压操作控制

高压操作自动控制系统图，如图 4-8 所示（以后的教学内容中，将涉及多处自动控制系统图，图中常用图形符号和表示参数的文字符号，请参阅本书附录），其功能如下：

（1）放散自动控制。当炉顶压力超过报警上限时，自动报警；当超过报警定值 10%、15%、20%时，分别将相应的放散阀自动开启并泄压。

（2）炉顶压力控制。炉顶压力控制系统是一个负反馈系统，由于炉顶压力很高，煤气管道直径很大，调节阀是成组式的（即由 3~5 个阀组成）。又由于煤气含尘量大，除取压口采用连续吹扫以外，还在炉顶、上升管和除尘器三处取压，并用手动或高值选择器选择最高压力作为控制信号。

（3）均排压自动控制。胶带输送机首先将原料送入上料斗存储。原料要进入高炉必须首先克服上料斗与称量料斗之间的差压，因而上密封阀开启之前先要将称量料斗中的煤气放掉，称为排压。排压时，排出的煤气经旋风除尘及均压煤气回收设施进行再回收，在放散管上设有压力计，当压力低于设定值时，发出回收结束指令；在放散管上同时也设有压力开关，当压力接近大气压时接点闭合，发出放散结束指令。排压以一次回收、二次放散方式工作。

放散结束指令送电控系统，打开上密封阀。上密封阀打开后，原料进入称量料斗，关闭上密封阀。原料要进入高炉还必须克服称量料斗与高炉之间的差压，因而下密封阀开启之前再将煤气充入称量料斗中，称为均压。在密封的称量料斗中充入半净煤气进行一次均

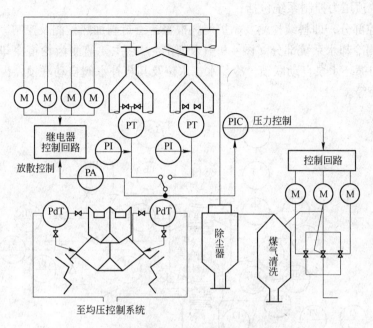

图 4-8　高压操作自动控制系统

压，由于半净煤气经过清洗后压力低于炉顶原煤气压力，故均压到一定程度后即充氮气进行二次均压。二次均压调节采用自力式调节阀，以炉顶煤气上升管的压力代替炉内压力，设定为控制压力。当煤气上升管压力与称量料斗之间的差压低于设定值时，发出均压结束信号，送电控系统打开下密封阀。均压时，均压煤气经旋风除尘器后进入料斗，将排压时沉积的灰尘强制吹回料斗中。另外，二次均压也可以转为定时控制，即充氮气一定时间后发出均压结束信号，在均压、排压过程中，电控系统将根据仪表发出的指令进行电控阀的开闭控制。

（4）无料钟炉顶监控。无料钟炉顶压力控制系统与一般料钟炉顶相同，其均压系统也类似，只是用闸阀代替大、小钟而已。并罐无料钟炉顶是左、右料罐轮流工作，故其程控系统有所不同。无料钟炉顶是用可旋转且角度可调的溜槽布料，因而布料灵活、均匀，可实现环形布料、螺旋布料、扇形布料、定点布料等多种方式。为此，溜槽分别由两台电动机驱动，一台使溜槽旋转，另一台使溜槽成不同的倾角，并分别配置有旋转自动控制系统（控制转速和位置）和倾角位置自动控制系统，且采用 PLC 或电子计算机进行设定和控制。在布料方式已经确定的情况下，对料流调节阀的开度进行控制，以保证其放料不过早放空或到程序完结时仍未排净。现在大多用自学习系统来控制其开度，当设定某一开度时，若布料程序完结而炉料不是正好排净，则自学习系统会修正下次布料时料流调节阀的开度。炉料是否放空是由声响检测仪或同位素料位计来测定的。第三代无料钟炉顶由于其结构足以准确称量料斗中炉料的重量，可以按重量（加上压力影响补正）来确定排料状况并控制料流调节阀的开度，例如单环布料，在溜槽转动时，计算机将检查炉料是否按规定减少并在单环完结时正好放完，如果不是，将修正料流调节阀的开度。由于并罐无料钟炉顶的两罐不在炉子中心线上，对布料有影响，故新一代无料钟炉顶是串罐形式，其监测及自动控制系统如图 4-9 所示。

无料钟炉顶压力控制系统包括：

（1）监控部分，即料线检测及高炉崩料报警、密封阀加热检测及控制。

（2）监测冷却水系统部分（图4-9中未列出），它主要监测齿轮箱冷却水槽的上、下限水位及其与循环水泵自动联锁，冷却水箱水位及其与补水阀自动联锁，齿轮箱及冷却水温度越限报警等。

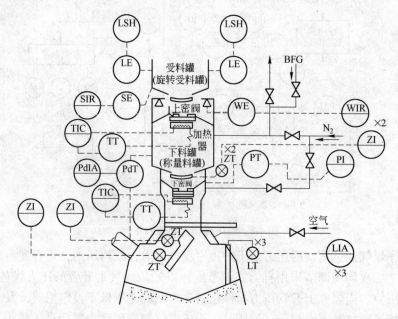

图 4-9　串罐式无料钟炉顶监测及自动控制系统

b　炉顶洒水控制

炉顶洒水自动控制原理如图 4-10 所示。现代大型高炉在炉顶设有多个洒水喷嘴。当炉顶上升管或煤气封罩内温度异常（一般为超过 $400℃$）时，由顺控回路打开洒水阀 V_1 和 V_2，关闭 V_3，向炉顶设备洒水降温；当炉顶温度正常时，关闭 V_1 和 V_2，打开 V_3。

c　炉身冷却控制

为了提高热交换效率，实现高炉高效、低耗、长寿的目标，大中型高炉炉身冷却技术大多采用冷却壁冷却方式、冷却壁结合冷却板的混合冷却方式以及冷却水密闭循环方式。

高炉密闭循环冷却系统，分为本体系和强化系两类。本体系主要冷却炉缸、风口、炉腹、炉腰和炉身中下部冷却壁中的竖管。强化系主要冷却炉底周围、出铁口的冷却壁，

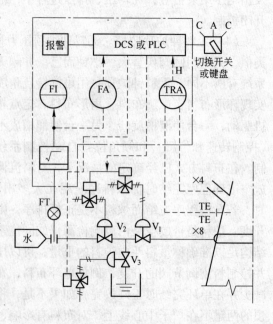

图 4-10　炉顶洒水自动控制原理

炉腹、炉腰和炉身中下部冷却壁的凸台、水平角部管和背部蛇形管，还可冷却炉身上部。密闭循环水的路径为：水处理系统提供的软水（或纯水）经循环水泵加压后，由给水环管沿圆周上划分的四个区域进行水量分配，冷却水进入冷却设备后从下至上冷却高炉全身。排水首先到达各区的排水集管，然后经每区设置的膨胀罐返回热交换器，直至循环泵站。

（1）密闭循环水运行监视。密闭循环水运行监视系统如图4-11所示。在泵的出口设有压力计，以监视系统水压是否处于规定的范围之内。当水压过低时，流速下降，热量堆集，损坏炉体设备，因此必须联锁启动备用泵。若压力在某规定时间内还未恢复或继续降至低点，则通知电控系统转入紧急冷却方式。可将高炉大致划分成炉缸、出铁口和炉腹、炉腰、炉身中下部、炉口等多段，对流量、温度进行监视并计算和监视热负荷，以便合理调配水量，防止炉体过冷或过热以及相邻区域冷却不均匀，同时流量计还具有冷却壁检漏功能。

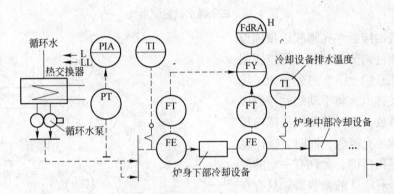

图4-11 密闭循环水运行监视系统

（2）膨胀罐水位控制。膨胀罐水位控制系统如图4-12所示。循环水在膨胀罐内短暂停留后，又回到循环水泵。由于蒸发、污水排放以及物理、化学侵蚀等引起漏水，造成膨胀罐水位降低，此时需进行补水。在水位处于低点或低低点时，调节器启动，投入自动并调节补水量，使水位恢复，调节器偏差消失；当调节阀处于关闭状态时，调节器转入手动状态，等待下一次启动信号的到来。补水分为两种情况：

1）当造成水位下降的原因不是连续漏水时，补水量较小，调节器在补水初期做了限幅处理，补水调节阀打开成小开度，水位迅速上升到正常水位。

2）当造成水位下降的原因是连续漏水时，补水量较大，此时将补水调节阀打开成小开度，水位并不一定迅速上升，延时一定时间后若检测到水位仍未恢复正常，调节器则解除限幅、投入自动，最终使补水量与泄漏量平衡。

补水调节器应带有手动、自动切换功能。由于温度升高、补水量过多等，造成膨胀罐水位升高，此时PLC自动开启排放阀，水位下降到正常水位后，排放阀关闭。当水质被污染时，手动打开排放阀。通过排放掉部分污水、补充新水的方法，可提高循环水水质，使之达到水质要求。

（3）膨胀罐压力控制。膨胀罐压力控制系统如图4-13所示。

由于高炉炉体温度较高，溶解在循环水中的氧气会对冷却设备内的冷却水管产生强烈的氧化作用。为阻止氧气进入，在膨胀罐内充入氮气，使罐内压力高于罐外压力，以隔绝

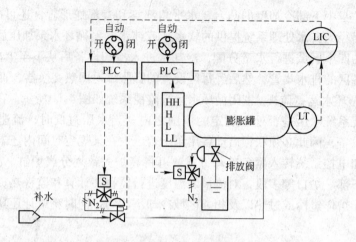

图 4-12　膨胀罐水位控制系统

循环水与空气的接触。在膨胀罐顶部设有压力计，通过调节充氮量可维持膨胀罐内压力在几百帕上下。另外，为了将罐内的水蒸气排出，将手动蝶阀开启成小开度进行排放，此时若要维持罐内压力，必须连续地充氮气；同时，罐内氮气的压力不必很精确，允许有一定的波动，可选择带有死区的调节器。只有在压力出现较大波动时才改变调节阀的开度。若罐内水位发生急剧升高或充入氮气的压力波动过大时，罐内压力可能会出现陡然上升的现象，此时顺控器自动打开排放阀泄压。压力恢复至正常后，自动关闭排放阀。

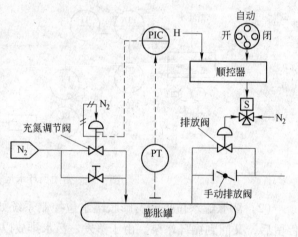

图 4-13　膨胀罐压力控制系统

B　热风炉检测控制

热风炉的作用是把鼓风加热到要求的温度，它是按"蓄热"原理工作的热交换器。在燃烧室里燃烧煤气，高温废气通过格子砖并使之蓄热，当格子砖充分加热后，热风炉就可改为送风。此时，有关的燃烧各阀关闭，送风各阀打开，冷风经格子砖而被加热并送出。高炉一般配有 3~4 座热风炉，在"单炉送风"时，两座或三座热风炉在加热，一座在送风，轮流更换；在"并联送风"时，两座在加热，两座在送风。

热风炉自动控制包括下列几项：

（1）冷风湿度和富氧控制（其系统如图 4-14 所示）。冷风湿度和富氧自动控制系统均是串级控制系统，各有一个流量自动控制回路，而其定值则由总风量经过比率设定器来设定，即喷入蒸汽量和氧量与风量成比例。对于湿度，冷风管道还装有氯化锂湿度计，其与湿度控制器 MIC 相连。当湿度偏离规定值时，则修正蒸汽控制系统以保持鼓风中湿度恒定。在蒸汽和氧气管道里分别设有压力控制器，以保证两者压力稳定。富氧自动控制系统还设有自动切断装置，当送风量或风压过低时（休风时），该装置自动切断氧流，并把管道中残余氧放出，用氮气自动吹除。

（2）热风温度控制。从鼓风机来的风温为 150~200℃，经过热风炉的风温可高于 1300℃，而高炉所需的热风温度为 1000~1250℃，而且温度必须稳定。单炉送风时，其温度控制根据混风调节阀配置的不同而异，有两种方式：一种是控制公用混风调节阀的位置（如图 4-15（a）所示），改变混入的冷风量以保持所需的热风温度；另一种是控制每座热风炉的混风调节阀（如图 4-15（b）所示），用一台风温控制器切换工作，不送风的热风炉其混风调节阀的开度由手动设定器设定。并联送风也有两种方式，即

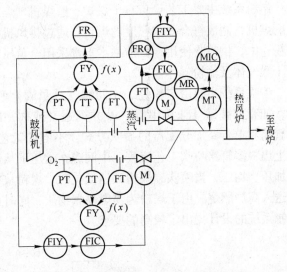

图 4-14 冷风湿度和富氧自动控制系统

热并联和冷并联。一般先送风的炉子输出风温较低，而后送风的炉子输出风温较高，故在热并联时，调节两个炉子的冷风调节阀以改变两个炉子输出热风量的比例，即可维持规定的风温（如图 4-15（c）所示）。在冷并联时，两个炉子的冷风调节阀全开，与单炉送风类似，控制混风管道的混风调节阀开度以改变混入冷风量，可保持风温稳定。在实际高炉中都设计成可进行多种选择，既能单炉送风又能并联送风。

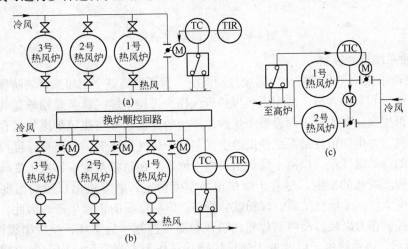

图 4-15 热风温度自动控制系统
（a）带公用混风调节阀的单炉送风；（b）每个热风炉带混风调节阀的单炉送风；（c）热并联送风

（3）热风炉燃烧控制。热风炉燃烧控制系统主要包括拱顶温度控制、废气温度控制、空燃比控制和废气中氧含量分析。

C 喷吹煤粉检测控制

a 概述

喷吹煤粉工艺主要由制粉系统和喷吹系统两大部分组成，其流程如图 4-16 所示。

制粉系统主要工艺设备有干燥炉、磨煤机、煤粉收集设施及排风机。原煤由给煤机送至磨煤机，制成符合要求粒度的煤粉。通过排风机将煤粉引入煤粉收集设施并使其储存在煤粉仓中，供喷吹使用，目前基本上都采用全负压系统，并且引入了热风炉废气作为煤粉的干燥气体及输粉气体。

喷吹系统主要由煤粉仓、中间罐（计量罐）和喷吹罐等组成。但其有不同的工艺流程，如有重叠罐（或称串罐）及并列罐（或称并罐）的布置形式，有上出料和下出料、多管路和单管路加分配器的喷吹方式。不同的工艺具有不同的特点，图 4-16 所示为重叠罐上出料多管路喷吹工艺流程。中间罐在常压下从煤粉仓中受粉，达到一定重量后对其进行加压、均压，当喷吹罐煤粉到达低位时，煤粉从中间罐倒入喷吹罐，通过输粉管道将煤粉送入高炉燃烧。由于煤粉为易燃易爆物质，同时工艺过程又为气固两相流状态，对自动控制系统的设计提出了较高的要求。

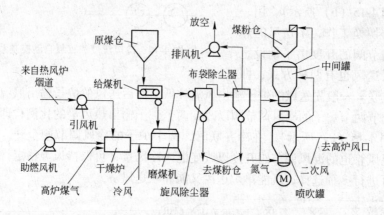

图 4-16　喷吹煤粉工艺流程

b　制粉系统检测控制

（1）制粉干燥炉和磨煤机出口温度控制系统。为了提高整个制粉系统的防爆能力，即降低系统干燥气和氧的含量，故引入热风炉废气作为煤粉干燥气体及煤粉输送气体。由于热风炉废气温度变化较大，因而设置干燥炉，产生的高温烟气与热风炉废气混合。干燥炉燃烧高炉煤气，并由比值控制系统使助燃空气与高炉煤气成比例，由出口温度控制器控制干燥炉燃烧的高炉煤气量，以使干燥炉出口温度恒定。在制粉系统中，由于受磨煤机负荷及原煤干湿程度变化的影响，尽管干燥炉出口温度稳定，磨煤机出口风粉温度也是变化的，如果温度太低，干燥气结露，煤粉就会凝结，影响煤粉的正常生产。因此，可将干燥炉出口温度控制作为副环，而将磨煤机出口风粉温度控制作为主环，组成串级控制系统，如图 4-17 所示。该系统由于以改变干燥炉燃烧状态作为控制手段，而干燥炉燃烧产生的烟气占整个干燥气的比例通常为 5~10，故对风量的影响不大。

（2）磨煤机负荷控制。磨煤机负荷自动控制是在保证满足煤粉细度喷吹要求的前提下，使磨煤机在最经济的工况下运行，即中速磨煤机在最佳的转速下运行。磨煤机的负荷控制通常都是通过调节给煤机的给煤量来实现的。被调量磨煤机的负荷由于不能直接测量，通常都是以磨煤机前、后差压或磨煤机电动机的功率来反映，两者的选择应与磨煤机制造厂协商。给煤机给煤量的调节因给煤装置的不同而不同，目前常用的有以下四种给煤装置：

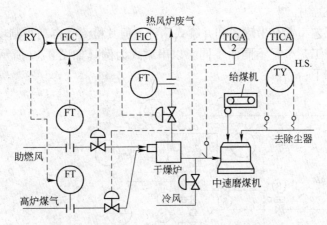

图 4-17　制粉干燥炉和磨煤机出口温度控制系统

1）圆盘给煤机，主要是通过转数变化来调节给煤量，要配置电动机调速装置。

2）皮带给煤机，给煤量是通过改变皮带的运输速度，也就是改变皮带给煤机的转速来调节的，要配置电动机调速装置。

3）链条刮板给煤机，这是一种带机械无级调速装置的给煤机，调节精度较高，要配置电动机执行机构、气动长行程或角行程执行机构来调节机械无级变速装置的变速比，从而改变链条刮板给煤机的速度以调节给煤量。

4）电磁振动给煤机，这是利用电磁振动原理，通过改变给煤机的振动幅度来调节给煤量。

（3）磨煤机前负压控制系统，如图 4-18 所示。

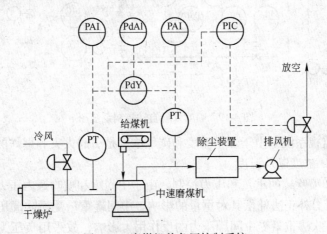

图 4-18　磨煤机前负压控制系统

使用中速磨煤机制粉时，由于煤粉的细度与通风量之间成比例关系，因此要保持煤粉细度不变，则要保持磨煤机的风量不变。在流动阻力不变的情况下，保持磨煤机入口负压稳定便能达到风量恒定的目的。实际上，负压的控制就是煤粉细度的控制，同时也能防止煤粉外泄。磨煤机的负压控制可以把风量作为调节变量，并且可通过控制排风机转速来实现。但这一方式需配备变频调速装置，一次投资成本大且控制较为复杂，故在排风机后设一调节阀以改变排风机排出的风量，从而实现磨煤机前负压控制。

c　喷吹系统检测控制

喷吹系统按工艺布置有串罐式和并罐式两种，但其检测和自动控制项目差别不大，而电气传动控制则因工艺布置不同而不同。以串罐式为例（如图 4-19 所示）进行介绍，其检测和自动控制如下：

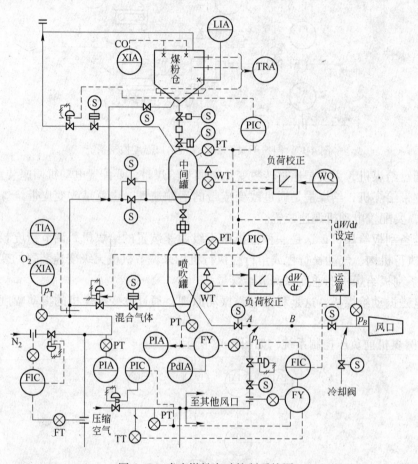

图 4-19　喷吹煤粉自动控制系统图

（1）煤粉仓监视系统。由于煤粉温度和碳氧浓度是引起火灾和爆炸的因素，因此要监视煤粉仓料位、CO 浓度以及温度。

（2）中间罐和喷吹罐的重量和压力控制。由于中间罐和喷吹罐内压力变化对重量值有影响，从而采用压力补正法补偿其对重量的影响。中间罐重量受喷吹罐压力影响，故采用正压力补正；而喷吹罐重量受中间罐压力的反作用力影响，故采用负压力补正。由于中间罐要从煤粉仓受入煤粉并向喷吹罐投入煤粉，所以需要对中间罐进行排压或加压、均压。当其与喷吹罐均压后，压力很高，故对中间罐的压力排放采用压力控制系统。喷吹罐在喷吹过程中，由于其内气体与煤粉一起从喷吹罐下部的喷嘴管道吹到高炉内，喷吹罐内压力要靠从其下部吹进混合气体来保持稳定。对喷吹罐初次加压时，在等待喷吹、开始喷吹的加压过程中，使调节阀处于一定开度，该开度值可在 CRT 上设定；而在喷吹过程中则自动控制。在喷吹罐受入煤粉时，为使煤粉易于落入，经小加压阀向中间罐吹进气体以进行中间罐加压，此时喷吹罐加压调节阀处于保持状态，并由小排气调节阀进行调节。当喷吹罐压力低于正常喷吹压力时，CRT 和操作台报警，并同时通过顺序控制停止自动喷吹。

（3）煤粉吹入量控制。煤粉吹入量的控制是通过控制每根管道的载气流量来实现的，有两种方式可任意选用：

1）各风口喷吹量任意分配的个别控制方式。

2）各风口喷吹量均等分配的全体控制方式。

（4）煤粉输送管道闭塞检测。如图 4-19 所示，测量喷吹罐下部压力 p_T 和载流气体管道压力 p_1，若 p_T-p_1 急增并超过某规定值，意味着煤粉在 A 点阻塞（喷嘴阻塞），输送管道中煤粉不流动；若 p_T-p_1 出现负值，则煤粉在 B 点阻塞（输送管阻塞），此时不仅影响喷吹罐压力控制，而且一旦喷枪无气体流动就会烧坏，故要迅速打开冷却阀、关闭喷枪阀以保护喷枪并报警。

（5）气体混合控制。为了防爆，必须采用低氧浓度的气体（空气与氮气混合）作为喷吹罐及中间罐的加压气体，为此要设置氮流量控制回路。为了稳定氮和压缩空气压力，各自设有压力调节回路，并当压力过低时报警和停止自动喷吹。

（6）其他检测。如冷却空气和混合气体等的温度、流量、压力等检测。

D　煤气净化检测控制

煤气净化系统有湿法和干法之分。

a　湿法煤气净化控制

大中型高炉大都采用湿法煤气净化系统，它由重力除尘器后的一级文氏管洗涤器（1VS）、二级文氏管洗涤器（2VS）组成。从重力除尘器来的煤气进入 lVS 进行煤气的粗除尘，通过 1VS 后再进入 2VS 做进一步除尘。在高炉休风时为了切断炉顶煤气，在 1VS 设有水封切断阀操作，除此以外，lVS、2VS 的控制方式相同。其控制系统如下：

（1）文氏管洗涤器水位控制系统。如图 4-20 所示，文氏管（VS）水位控制是通过水位控制阀、紧急排水阀、紧急切断阀来实现的。为了提高文氏管水位检测的可靠性，每级文氏管均设置了两台隔膜密封型压差变送器，其输出信号通过水位选择开关来选择，选择的信号输入文氏管水位调节器（LIC）及三个报警设定器（LA）。水位调节器的输出信号直接送到油压执行器上的电液转换器（I/H），这样，调节器即按指定水位控制水位调节阀。当由于某种原因水位控制不好，使水位上升或下降超过报警设定器的上、下限设定值时，可通过顺控回路分别打开紧急排水阀或关闭紧急切断阀。

（2）文氏管洗涤器压差控制系统。1VS、2VS 喉口分别设有可调闸板，以控制 1VS、2VS 煤气入口和出口的压差一定。文氏管喉口压差是通过煤气入口处的喉口阀来控制的，如图 4-21 所示。压差信号经过调节器和电气设备来控制喉口阀动作。在电气设备中把调节器的输出信号和阀位信号通过平衡继电器进行比较，然后输出一个信号使电动机正转或反转，以此来驱动喉口阀开大或关小。这样，从调节器的输出到喉口阀的动作就出现了滞后，为了消除这一不工作区，应选择带有死区的 PID 调节器。一般是由调节器来控制文氏管的煤气压差，但在需要进行手动操作时，调节器的输出要跟踪手动操作器的输出。为了防止 1VS 煤气入口和出口（2VS 煤气入口）的检测点被灰尘堵塞，要进行氮气吹扫，同时，需要对检测出的喉口压差进行补正。

b　干法煤气净化控制

目前工业应用的干法煤气除尘方法有两种，即布袋除尘和电气除尘，下面以布袋除尘

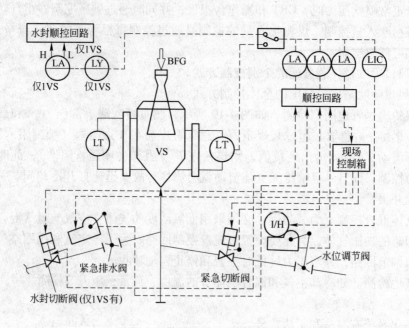

图 4-20　文氏管洗涤器水位控制系统

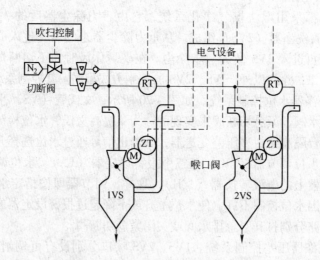

图 4-21　文氏管洗涤器压差控制系统

为例进行介绍。

　　布袋除尘器具有除尘效率高、运行稳定、节能、投资省、生产运行费用低和解决环保问题等优点。布袋除尘器的除尘效率在 99% 以上，阻力损失小于 500Pa，净煤气含尘量可达到 $5mg/m^3$ 以下。布袋除尘器的高效率和低压力损失是毋庸置疑的，但其目前主要用于小型高炉（国内 350 m^3 级以下高炉的煤气除尘，90% 以上采用布袋除尘技术）而未能在大型高炉煤气除尘中占主导地位，主要原因在于设备的可靠性和对高炉操作参数变化的不适应性两方面。

　　布袋除尘系统由重力除尘器（和湿法的相同）、温度调节器和布袋箱体组成。温度调节器是为了保证布袋除尘器能够正常地工作而对煤气温度进行控制，一般要求进入布袋前的煤气温度高于80℃、低于200℃。因此，在重力除尘器与布袋箱体之间设置了煤气升降温调节器。其工作原理是：当煤气温度低时，利用高炉自身净煤气燃烧以加热散热管，再将热量传给煤气达到升温的目的。当煤气温度过高时，利用风机鼓冷风以冷却散热管，使煤气温度降低，有些厂也采用喷雾降温的方法。对于小高炉，煤气经过重力除尘器后一般温度不会过高，故大都不设温度调节器。

布袋箱体有多个，如图4-22所示。其工作原理是：含尘煤气进入布袋，布袋以其微细的织孔对煤气进行过滤，煤气中的尘粒附着在织孔和布袋上，并逐渐形成灰膜，当煤气通过布袋和灰膜时得到净化，随着过滤的不断进行，黏附在布袋上的灰尘增厚，为使黏附在布袋上的灰尘脱落，将净煤气从与含尘煤气相反的方向引入布袋进行反吹，反吹（近年来又发展为脉冲振动除尘法）后的灰尘降落在吊挂布袋的箱体中，经灰斗、卸灰及输灰装置排出外运。

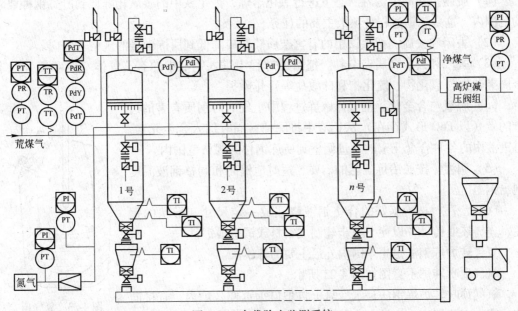

图 4-22　布袋除尘监测系统

布袋除尘的控制包括监测和反吹两大部分。布袋除尘监测参数包括：荒煤气温度和压力，荒煤气和净煤气之间的压差，氮气总管减压阀前、后压力，净煤气总管压力和温度，减压阀组后净煤气总管压力，布袋箱体进、出口煤气之间的压差，箱体灰斗料位（即积灰高度，通过测温来表示），中间灰仓料位等。

此外，还设有煤气管路粉尘检漏装置。每个布袋箱体和煤气出口总管各设一个检漏探头，共用一台数据处理及显示器组成检漏系统，本装置由内蒙古电力研究所生产，并于1995年8月8日由呼和浩特市环保监测中心站对该检测仪进行检测对比，监测取样点设在1号箱体上，共进行了三次破袋和多次反吹试验。从检测数据可以看出，一旦净煤气粉尘含量超过报警值（10mg/m³），检漏仪立即发出声光报警，表示"布袋已破"。该煤气布袋除尘系统自动连续检漏仪在呼和浩特炼铁厂经过一年多的实际运行，已基本达到了安全、及时、准确检测布袋运行状况的要求，而且达到了操作者在操作室就能发现破袋的要求，改善了检测条件，提高了煤气质量。

4.4　转炉炼钢生产工艺及过程控制

在炼钢生产工艺流程中，转炉（或电炉）→炉外精炼→连铸已成为普遍的生产工序模式。

4.4.1　氧气顶吹转炉炼钢生产简述

4.4.1.1　炼钢的基本任务

炼钢就是通过冶炼降低生铁中的碳和去除有害杂质，再根据对钢性能的要求加入适量的合金元素，使之成为性能优良的钢。

炼钢的基本任务可归纳如下：

（1）脱碳。在高温熔融状态下进行氧化熔炼，把生铁中的碳氧化降低到所炼钢种要求的范围内，这是炼钢过程一项最主要的任务。

（2）去磷和去硫。把生铁中的有害杂质磷和硫降低到所炼钢号的规格范围内。

（3）去气和去非金属夹杂物。把熔炼过程中进入钢液中的有害气体（氢和氮）及非金属夹杂物（氧化物、硫化物和硅酸盐等）排除掉。

（4）脱氧与合金化。把氧化熔炼过程中生成的对钢质有害的过量的氧（以 FeO 形式存在）从钢液中排除掉；同时加入合金元素，将钢液中的各种合金元素的含量调整到所炼钢种的规格范围内。

（5）调温。按照冶炼工艺的需要，适时地提高和调整钢液温度到出钢温度。

（6）浇注。把冶炼好的合格钢液浇注成一定尺寸和形状的钢锭、连铸坯或铸件，以便下一步轧制成钢材或锻造成锻件。

氧气转炉炼钢法是当今国内外最主要的炼钢法。

氧气顶吹转炉示意图如图 4-23 所示。

氧气顶吹转炉炼钢法是水冷氧枪自炉口垂直伸入炉内，直接向熔池吹入高速氧流，将铁水中的碳、硅、锰、磷、硫氧化到所炼钢号的规格内，并利用铁水的物理热和元素氧化放出的热量获得熔炼所需的高温，无需外部热源的一种炼钢方法。

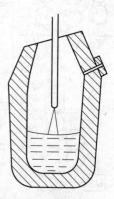

图 4-23　氧气顶吹转炉示意图

4.4.1.2　氧气顶吹转炉构造及主要设备

A　转炉构造

转炉构造主要包括炉壳、托圈、耳轴及倾动机构，如图 4-24 所示。

（1）炉壳。炉壳由锥形炉帽、圆筒形炉身及球形炉底三部分组成。各部分由钢板成形后再焊接成整体。为防止炉帽变形，设有水冷炉口。

（2）托圈。托圈与炉壳相连，主要作用是支撑炉体，传递倾动力矩。大、中型转炉托圈一般用钢板焊成箱式结构，可通水冷却。托圈与耳轴连成整体。

（3）耳轴。转炉工艺要求炉体应能正反旋转 360°，在不同操作期间，炉体要处于不同的倾动角度。为此，转炉设有旋转耳轴，一侧耳轴与倾动机构相连而带动炉子旋转。耳

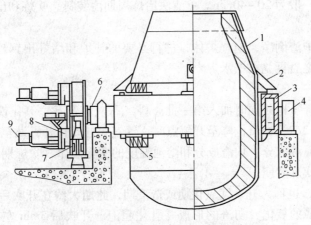

图 4-24 转炉炉体结构和倾动机构示意图

1—炉壳；2—挡渣板；3—托圈；4—轴承及轴承座；5—支撑系统；

6—耳轴；7—制动装置；8—减速机；9—电机及制动

轴和托圈用法兰、螺栓或焊接等方式连接成整体。

（4）倾动机构。倾动机构由电动机和减速装置组成。其作用是倾动炉体，以满足兑铁水、加废钢、取样、出钢和倒渣等操作的要求。该机构应能使转炉炉体正反旋转 360°并能在启动、旋转和制动时保持平稳，准确地停在要求的位置上，要安全可靠。

B 供氧设备

供氧设备主要有供氧系统、氧枪及其升降装置。

（1）供氧系统。氧气由制氧车间经管道送入球罐，然后经减压阀、调节阀、快速切断阀送到氧枪。

（2）氧枪。氧枪也称为喷枪，它担负着向熔池吹氧的任务。因其在高温条件下工作，故采用循环水冷的套管结构，由喷头、枪身及接头三部分组成，如图 4-25 所示。

（3）氧枪升降装置。氧枪在吹炼过程中需要频繁升降，因此，要求其升降机构应有合适的升降速度，并可变速，且升降平稳、位置准确、安全可靠。除与氧气切断阀有联锁装置外，还应有安全联锁装置，当出现异常情况（如氧压过低、水压低等）时应能自动提升氧枪。此外，还设有换枪装置，以保证快速换枪。

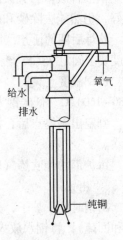

图 4-25 氧枪结构

4.4.1.3 氧气顶吹转炉吹炼工艺

顶吹转炉冶炼操作分单渣法和双渣法。

A 单渣法吹炼工艺

单渣法就是在吹炼过程中只造一次渣，中途不扒渣、不放渣，直到终点出钢。单渣法的优点是操作简单，易于实现自动控制，熔炼时间短且金属收得率高。其缺点是脱磷、脱硫能力较差，所以适用于吹炼磷、硫、硅含量较低的铁水或对磷、硫含量要求不高的钢种。

通常将冶炼相邻两炉钢之间的间隔时间（从装入钢铁料至倒渣完毕）称为一个冶炼周

期。一个冶炼周期一般为 20~40min。单渣法冶炼周期由装料、吹炼和出钢三个阶段组成。

　　a　装料期

　　先将上一炉的炉渣倒净，检查炉体，进行必要的补炉和堵好出钢口，然后开始装料，一般先装入废钢，之后再兑入铁水。

　　b　吹炼期

　　摇正炉体，下降氧枪并同时加入第一批渣料（石灰、萤石、氧化铁皮、铁矿石），其量为总渣量的 1/2~2/3。当氧枪降至开氧点时，氧气阀自动打开，调至规定氧压，开始吹炼。根据吹炼期金属液成分、炉渣成分和熔池温度的变化规律，吹炼期又可大致分为吹炼前期、吹炼中期和吹炼后期。

　　（1）吹炼前期，也称为硅、锰氧化期或造渣期，此期大约在开吹后的 4~5min 内。本期主要是硅、锰、磷的氧化，初渣的形成并乳化起泡。开吹后 3min 左右，硅、锰就氧化到很低含量，继续吹氧则不再氧化，而锰在后期稍有回升的趋势。

　　（2）吹炼中期，也称为碳氧化期。大约在碳的质量分数达到 3.0%~3.5% 时进入吹炼中期，此时脱碳反应剧烈，碳焰长而白亮（因 CO 气体自炉口喷出时与周围空气相遇而发生氧化燃烧）。这时应供氧充足，并分批加入铁矿石和第二批造渣材料，防止炉渣"返干"（即炉渣中 FeO 含量过低，有一部分高熔点微粒析出而使炉渣变黏稠）而引起严重的金属喷溅。

　　（3）吹炼后期，也称拉碳期。当碳的质量分数小于 0.3%~0.7% 时，进入吹炼后期。本期钢液含碳量已大大降低，脱碳速度明显减弱，火焰短而透明。若炉渣碱度高，流动性又好，仍然能去除磷和硫。

　　吹炼后期的任务，是根据火焰状况、吹氧数量和吹炼时间等因素，按所炼钢号的成分和温度要求确定吹炼终点。当碳含量符合所炼钢种的要求时即可提枪停止吹炼，即"拉碳"。

　　出钢温度（模铸）一般比钢的熔点高 70~120℃，即高碳钢为 1540~1580℃、中碳钢为 1580~1600℃、低碳钢为 1600~1640℃。连铸的出钢温度一般比模铸的出钢温度高。

　　判定出钢终点后，提枪停氧，倒炉，进行测温取样。根据测定和分析结果决定出钢或补吹。

　　每炉钢的纯吹炼（吹氧）时间约为 15~20min。

　　c　出钢期

　　出钢时倒下炉子，先向炉内加入部分锰铁，然后打开出钢口并进行挡渣出钢（避免回磷和回硫），将钢水放入钢水包。出钢期间进行钢液的脱氧和合金化，一般在钢水流出总量的 1/4 时开始向钢液中加入铁合金。至流出总量的 3/4 以前全部加完。根据是镇静钢还是沸腾钢以及当时钢水的沸腾情况，向钢包内加入适量的锰铁或硅铁，并用铝（锭）使钢液最后脱氧。

　　钢水放完，运走钢水包后，将炉渣倒入渣罐中。至此为一炉钢的冶炼操作过程，即一个冶炼周期。

　　B　双渣法吹炼工艺及其特点

　　双渣法是在冶炼过程中需倒出或扒出部分炉渣（约 1/2~2/3），然后重新加渣料造渣。其关键是选择合适的倒渣时机。一般在渣中含磷量最高、含铁量最低时倒渣最好。该法适用于磷、硫、硅含量高的铁水或优质钢和低磷中、高碳钢，以及需在炉内加入大量易氧化元素的合金钢的冶炼。

此法的优点是脱磷、硫效率高，能避免大渣量引起的喷溅。

4.4.2 转炉炼钢生产过程控制级

随着炼钢工艺的不断发展，尤其是铁水预处理、炉外精炼及连铸工艺等的飞速进步，单凭操作人员的经验炼钢已经不能满足生产的需要。尤其是为了提高钢材的产量与质量，协调整个炼钢工艺的生产，在转炉生产过程中投入过程控制系统更为重要。由于计算机网络硬件技术的不断提高，过程控制系统的硬件设备也在不断更新。

4.4.2.1 计算机的控制范围

转炉过程计算机系统完成整个转炉生产过程的管理与控制，并协调转炉和连铸的生产。其基础自动化系统与过程计算机连接，实现具体生产指令的下达和指令执行情况的反馈，以达到生产过程的最优控制。转炉过程计算机的控制范围一般从铁水预处理开始，经转炉吹炼、炉外精炼，与连铸过程计算机系统进行通信，使转炉与连铸匹配，以协调全场的生产。其生产过程一般由连铸向转炉反推，即转炉车间接到来自连铸的制造命令，由调度制定出钢计划并输入过程计算机。转炉操作室根据调度命令，向铁水及废钢系统提出各种申请，然后根据钢种、铁水和废钢的具体情况决定其原料的配比，期间要经过铁水及废钢的成分、重量、温度等信息的处理；吹炼过程中启动标志模型，进行实时地检测跟踪；到达吹炼终点时，指挥副枪测试，读取化验成果，然后进行铁合金的计算，最后将全部冶炼数据进行收集整理，形成生产报表及数据分析表。

4.4.2.2 转炉过程控制系统的功能

转炉过程控制系统的主要任务是根据控制对象的数据流安排相应的人机接口，使操作人员能够监视和管理所有控制的过程，并进行必要的数据输入输出，从而达到过程控制的目的。

转炉过程控制系统按功能可分为以下多个子系统，各厂根据需要可有取舍。

A 炼钢控制子系统

炼钢控制子系统为过程控制系统的核心，负责炼钢过程的计算机控制。由操作人员输入必要的数据后，启动冶炼模型对炼钢过程进行控制，以达到自动炼钢的目的。以一个炼钢周期为例，炼钢控制子系统的执行过程为：

(1) 确认计划数据，包括熔炼号、计划钢种、出钢量、出钢时间，以及各种操作方案。

(2) 由基础自动化级采集并由操作人员确认实际装入铁水量、铁水温度、铁水成分、废钢量、废钢种类、是否有副枪、是否有底吹、氧枪操作方案和下料操作方案，然后启动副原料计算模型，由二级计算机计算出冶炼所需的各种副原料量、吹氧量、底吹方案等。

(3) 由操作人员确认计算结果，二级计算机向基础自动化级各子系统发出降枪方案的设定点和第一批料的设定点以及底吹方案。

(4) 按点火按钮，降枪吹氧进入计算机控制方式。如果确认有副枪操作则进入步骤(5)，否则进入步骤(6)。

（5）吹氧量达到副枪检测点时，氧枪自动提升或者氧气自动减小流量，副枪降枪开始测试；测试结束时，启动主吹校正模型对终点的吹氧量等进行校正；确认计算结束后，降枪吹氧，进入碳温动态曲线画面，对最后吹炼阶段进行监视。

（6）达到终点，如果无副枪，则进行倒炉、取样、化验，转步骤（9）。

（7）进入"临界"终点画面，确认是否进行补吹，若补吹则进入步骤（8），否则进入步骤（9）。

（8）启动补吹校正技术模型，计算校正时所需的参数，确认结束，降枪吹氧后返回步骤（6）。

（9）倒炉出钢，加合金，溅渣补炉，确定最终生产数据。

（10）如果本炉次控制成功，则调用模型参数修正子程序、热损失常量和氧气收得率，实现自学习功能。

B 转炉调度子系统

由调度人员根据日生产计划和本系统提供的生产信息（包括连铸生产情况、转炉的设备状况等），安排单座转炉的生产计划，完成一次加料模型计算，下达铁水、废钢需求。该项功能主要由操作人员根据计算机提供的信息，由人工操作来完成。

转炉调度子系统需要向操作人员提供以下信息：

（1）连铸生产状况，包括钢包重量、铸机拉速、浇注钢种、浇注时间等。

（2）转炉生产情况，包括吹氧时间、枪位、下料量以及转炉所处状态，如修炉、正常吹炼、设备故障等。正常吹炼分为准备吹炼、主吹、补吹、吹隙、溅渣。设备故障分为转炉本体、下料系统、烟气净化及冷却装置、煤气回收系统故障等。

（3）钢包准备情况，包括炉后有无钢包等。操作人员根据连铸与转炉的实际生产情况，便可下达单座转炉的生产计划。

（4）计划格式，包括熔炼号、钢种、出钢量、出钢时间。计划编排后，即可下达至转炉炼钢控制子系统。本系统也允许操作人员对已制订的计划进行增加、修改、删除，以适应生产需要。

（5）附加功能，包括：提供钢种表，供操作人员参考；提供报表查询和打印的功能，供管理使用；根据生产计划中的出钢量、钢种以及铁水成分和温度启动主原料计算模型，模型计算的结果经确认后，送至铁水站、废钢站准备主原料。

C 铁水管理子系统

铁水管理子系统的主要功能是采集由化验处理子系统传来的数据，将其存档并传至其他系统，如炼钢控制系统、调度子系统。铁水管理子系统的数据主要是铁水信息，如铁水编号、铁水成分、铁水温度、铁水重量和采集时间。

D 废钢管理子系统

废钢管理子系统的功能是采集废钢重量、废钢种类等信息，根据操作要求，将本炉使用的废钢重量、废钢种类等信息经终端通知操作室，并收集废钢的实际使用情况。

E 合金管理子系统

根据出钢量、出钢钢种及化验成分启动合金计算模型，按最终钢成分计算出所需合金的品种及数量，并交操作人员确认。同时，搜集每炉钢合金料的实际使用情况（包括合金种类和重量）并存入数据库中，供自学和打印报表使用。

F 打印报表系统

根据生产工艺的要求和管理统计工作的需要,转炉打印报表系统主要完成三类报表的功能,即转炉过程记事、转炉熔炼记录和转炉生产过程日报表。

(1) 转炉过程记事。在冶炼过程中,各种副原料的加料时间、加料重量、加料种类、氧枪高度、氧气流量、氧压、氧累积量、吹氧时间等均需记录。报表信息以事件发生的时间先后为序排列,记事的多少随着冶炼复杂程度的变化而发生变化。全部数据的采集和打印工作不受人为影响,此报表是对生产冶炼过程的再现和回忆。

(2) 转炉熔炼记录。这一报表是对生产中各道工序的详细记录,报表信息覆盖整个炼钢生产过程,其格式和信息是固定的。采集来源分两类,一类是由人工输入,另一类是由现场采集的信号经过程序计算得到。

(3) 转炉生产过程日报表。此报表主要包括每个炉次副原料和合金料的加料种类和数量、氧气消耗量、吹氧时间以及班次、熔炼号。汇总信息包括铁水消耗量、废钢消耗量、各种副原料消耗量、合金消耗量、氧气消耗量、氮气消耗量、氩气消耗量、副枪探头消耗量及测成率等。

G 数据通信系统

数据通信系统负责数据之间的通信,包括与基础自动化级(L1)通信、内部各站之间通信和与生产管理级通信。

从基础自动化级(L1)上传的数据包括:

(1) 氧枪数据,包括氧压、氧流量、氧量、吹氧时间、氧枪位置、是 A 枪还是 B 枪工作、吹氮有关数据。

(2) 副枪数据,包括钢水化学成分、温度、熔池高度。

(3) 烟气净化数据,包括汽包水位、风机有关数据。

(4) 底吹数据,包括吹入气体的流量、压力、累积量和切换时间。

(5) 其他数据,包括铁水成分、钢水成分、温度、铁水重量、煤气回收有关数据、下料重量、合金料重量和种类、实际下料批次、熔炼号等。

从过程控制级(L2)下载的数据包括:氧枪操作方案、底吹控制方案、副原料下料控制方案、副枪测试命令。

4.4.2.3 采用数学模型控制转炉炼钢的工艺要求

因数学模型控制与本厂工艺条件密切相关,故要求工艺满足如下条件:

(1) 保证铁水成分、温度、废钢及副原料条件处于数学模型调试前规定的范围内。

(2) 入炉前铁水应进行扒渣处理。

(3) 数学模型要根据铁水入炉时成分、温度的估计值计算铁水、废钢的装入量,因此在铁水脱硫前应测温取样,以得到这些估计值。

(4) 脱硫后取铁样化验,入炉前在兑铁包内进行铁水测温,数学模型根据铁水成分、温度计算造渣料的使用量。

(5) 对废钢进行分类,数学模型对不同种类的废钢应使用不同的成分数据。

(6) 控制废钢装入量和废钢规格,以确保废钢在副枪测试前完全熔化。

(7) 对于石灰等副原料应有最新成分分析,对于成分等指标波动不大的物料可采用平均值作为指标。

（8）保证测温化验设备、氧流表等仪表以及各种电子秤计量准确。

（9）副枪的测试精度为：温度 $\Delta t \leqslant \pm 10℃$，$\Delta \omega[C] \leqslant \pm 0.02\%$。

（10）保持炉体热状态稳定。

（11）保证吹炼中无强烈喷渣、非计划停吹等异常情况发生。

（12）采用计算机控制冶炼的钢种，按出钢时的钢水碳含量分为4组，每组至少收集100炉数据，根据控制实验获得的数据确定模型参数。

（13）用户提供的设备原料数据应包括工厂设计说明书，主要设备的运行测试报告，技术操作规程，各种原料的数据，石灰石、废钢、铁矿石等物料的冷却效果，装入炉内的硅铁、焦炭等辅助燃料的发热效果，主要工序的作业时间分配，钢种表，操作方案，连铸参数，化验数据，称量设备，人员表，故障、耽搁表。

4.4.3　转炉炼钢生产基础控制级

转炉炼钢生产基础自动化级的功能主要包括对氧枪、副枪、副原料、高位料仓皮带上料、顶吹、底吹、煤气回收、余热锅炉等子系统进行检测和控制，并可以集中监视和操作。下面以氧枪系统为例，介绍基础控制级内容。

转炉氧枪系统包括：氧枪供水系统，氧枪供氧系统，氧枪供氮系统，主、备氧枪换枪横移系统，氧枪位置控制系统，氧枪安全系统。

4.4.3.1　氧枪供水系统

转炉吹炼过程中，氧枪要下降到环境恶劣的炉内，它不仅要受到钢水、炉气和炉渣的高温辐射作用，还要经受钢液和炉渣对氧枪的冲刷和黏结。所以，氧枪枪体必须通过高压循环冷却水进行冷却。由于氧枪长时间工作，枪头部位会受到不同程度的侵蚀，时常发生冷却水泄漏到炉内的现象，量大时会影响到转炉的安全。因此，氧枪供水系统监控程序应具有如下功能：

（1）氧枪漏水自动检测，轻度漏水预警提示。

（2）结合转炉炼钢的生产工艺，当氧枪漏水重度报警时将氧枪提到氮封口以上，同时关闭工作氧枪进水阀口，延迟3s后再关出水阀口。

（3）氧枪冷却水进水、回水压力检测，低于报警设定值时报警显示，将氧枪自动提到等候点。

（4）氧枪冷却水进水流量检测，低于报警设定值时报警显示，将氧枪自动提到等候点。

（5）氧枪出水温度检测，高于报警设定值时报警显示，将氧枪自动提到等候点。

（6）氧枪冷却水进、出水流量差检测，高于报警设定值时报警显示，将氧枪自动提到等候点。

4.4.3.2　氧枪供氧系统

氧气压力和供氧流量是影响转炉炼钢质量、产量、炉龄和性能的主要参数，必须同时稳定地控制氧气压力和流量，才能满足转炉冶炼工艺的要求。氧气顶吹转炉供氧用的水冷喷枪，其主要结构包括枪尾、枪身和枪头。枪尾有适当的接头与氧气管道和进、出冷却水管道相连。此水冷喷枪有分隔开的氧气和水的内通道，为三个固定同心管，外管固定于枪尾和枪头上。

供氧系统自动控制一般采用两级减压的方式，第一级减压由压力调节阀完成，第二级减压是通过流量调节阀实现的。因此，供氧系统的基础级控制共有总管一次压力调节和氧气流量控制调节两个控制回路。为保证在吹炼过程中有稳定的氧压和氧量，应该调节总管压力，并保持总管压力恒定。总管一次压力调节，是将阀后氧压力信号经压力变送器送至PLC，通过程序PI模拟调节器来调节阀的开度，使阀后压力稳定在工艺要求的范围内。氧气流量控制调节就是对流量调节阀的开度实施PID调节。氧流量检测通常采用孔板和压差变送器。为了提高氧流量监测精度，必须进行温度补正，补正后的氧气流量、氧气累计值均在人机界面HMI上显示出来。

4.4.3.3 氧枪供氮系统

供氮系统包括溅渣氮气的状态监控和氮封阀的控制。溅渣氮气阀包括前氮气支管球阀、氮气支管快切阀和氮气放散阀，如图4-26所示。系统要对溅渣氮气阀前、后支管压力进行检测，对总支管流量进行PID调节。转炉出钢后，需要溅渣护炉。在工作站上选择吹氮气方式，氮气放散阀自动关闭后，氮气支管球阀主动开启，氧枪下降；当氧枪下降到开氮位置时，氧枪前氮气支管快切阀自动打开，开始溅渣，并打开对应的料仓；溅渣时间到，氧枪自动提升，当氧枪升到关闭氮气位置时，氮气支管快切阀自动关闭。

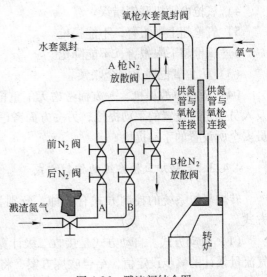

图4-26 溅渣阀结合图

4.4.3.4 主、备氧枪换枪横移系统

转炉吹炼设两支氧枪，一支在工作位，一支在备用位。换枪时，先由氧枪横移小车将主氧枪横移到备用位，再将备用氧枪换到工作位，并用定枪销锁定。

PLC控制主氧枪与备用氧枪自动更换的过程为：将主氧枪及备用氧枪均提至换枪点以上，转动操作台上主、备两枪选择开关（或在HMI进行氧枪横移操作）；控制程序自动拔起定枪销，将在位枪移出炉口至备用位，并将不在位枪移到炉口位；氧枪横移到位后，将定枪销插入，完成换枪功能。此过程也可以在机旁操作箱和中央操作室维修画面上手动操作。

4.4.3.5 氧枪位置控制系统

氧枪位置控制系统是由升降小车、导轨、卷扬机、横移装置、钢丝绳滑轮以及氧枪高度指示标尺等组成。转炉控制系统的关键是氧枪定位，在氧枪电动机轴头设位置极限开关，对上、下极限和等候点等关键位置做硬保护。

4.4.3.6　氧枪安全系统

为使氧枪安全运行，氧枪的动枪安全联锁是十分重要的。根据冶炼工艺要求，控制程序应该设置如下几个安全联锁。

（1）氧枪自动提升到等候点联锁，出于安全考虑，将氧枪提升并停到一个固定的高度以上，一般是等候点。

（2）下列情况如有一个出现，则氧枪停止上升：

1）变频系统故障。

2）氧枪钢绳张力报警。

3）转炉不在"0"位。

4）氧枪电动机联锁错误。

5）氧枪超上限报警，不能提枪。

6）氧枪超下限报警，不能降枪。

（3）防止氧枪回火安全联锁。

（4）氧枪事故提枪。一方面考虑无配重枪，在不停电的系统事故状态下，要保证设备及人员安全所设置的手动提枪；另一方面考虑在停电的系统事故状态下，要保证设备及人员安全所设置的手动提枪。

4.4.3.7　转炉氧枪系统的控制方式

转炉氧枪系统的控制方式有四种，分别为自动方式、半自动方式、手动方式和维修方式。

（1）自动方式。自动方式是接收二级计算机计算静态模型所得的枪位、氧气流量、氧气流量累计的氧步设定值，结合吹炼方案，将其以表格形式存于特定的存储区中且可随时调看，并根据此表所形成的曲线进行各参数的设定执行，如果在冶炼过程中枪位需临时微调，可按动操作台的"上升"、"下降"按钮进行调整，然后程序按氧步继续执行。计算机方案下载后，经冶炼操作人员确认方可执行；在自动方式下介入全部动枪联锁，动枪联锁包含提枪至等候点联锁和不动枪联锁，并提示报警；根据操作台按钮（"开始吹炼"按钮）及上位机枪位设定值，通过枪位差与速度曲线的运算给出动枪控制输出值，驱动变频（或直流晶闸管）传动系统动枪；根据模型计算或人工测量的数据，修改氧枪喷头到钢水液面的相对值；根据上位机的吹炼终点氧累积设定值自动提枪，也可人工将其转到手动方式下提枪；副枪下降测试或测温取样后，根据副枪测试或化验结果启动补吹模型或直接出钢；总、支管氧气流量的温压补正及 PID 调节自动投入，实时检测总、支管及在位枪的氧气压力，压力超限报警。

（2）半自动方式。半自动方式是脱离二级过程计算机的自动控制方式，此时，氧枪系统按照基础级计算机内存的冶炼方案由 HMI（人机界面）监控，对氧枪枪位、氧气流量按氧步控制自动执行。其间枪位可使用操作台按钮微调，冶炼方案应由操作人员按工艺要求提出，并根据实际冶炼需要由操作人员修改（方案修改界面设置操作口令）；根据方案表中最后氧步的氧累积量自动提枪，也可根据冶炼具体情况手动干预提枪。

（3）手动方式。手动方式是在 HMI（人机界面）上随机设定氧枪喷头到钢水液面的相对值，氧气流量按最后设定值执行。由副枪或人工测得实际熔池液面，在非吹炼情况下通过工作站输入实测液面值，操作人员根据经验，设定氧枪喷头到液面的相对高度，设定时由安全限定锁保护。当程序判断所输入的熔池液面值或氧枪喷头到液面的相对高度不合理时，设定无效，并发出"输入数值超限"的提示信息。数值初步设定完成后，按动"到吹炼点"按钮，氧枪自动下降到设定位置停止，吹炼过程中介入全部动枪联锁及安全保护联锁；吹炼结束时，操作工根据具体情况按动操作台上的"到等候点"按钮，氧枪自动提至等候点。

（4）维修方式。维修方式含有脱机控制的机旁箱操作和 HMI 的单体调试，操作台"开关氧"按钮可以开关在位枪的切断阀，且显示切断阀的开、关及报警状态。在维修方式下解除全部动枪联锁，只保留超上极限不能提枪和至下极限不能降枪的报警。由于溅渣补炉要求低枪位，故也可在维修方式下操作。

4.5 炉外精炼生产工艺及过程控制

4.5.1 炉外精炼生产工艺简述

炉外精炼是把转炉（或电炉中）所炼的钢水移到另一个容器中（主要是钢包）进行精炼的过程，也称二次炼钢或钢包精炼。

炉外精炼把传统的炼钢分成两步。第一步称为初炼，在氧化性气氛下进行炉料的熔化、脱磷、脱碳和主合金化；第二步称为精炼，在真空、惰性气氛或可控气氛下进行脱氧、脱硫、去除夹杂、夹杂物变性、微调成分、控制钢水温度等。20 世纪 60 年代以来，各种炉外精炼方法相继出现，目前在世界范围内这一技术已经得到了飞速发展。

炉外精炼在现代化的钢铁生产流程中已成为一个不可缺少的环节，尤其将炉外精炼与连铸相结合，是保证连铸生产顺行、扩大连铸品种、提高铸坯质量的重要手段。

各种炉外精炼方法的工艺各不相同，其共同的特点是：有一个理想的精炼气氛，如真空、惰性气体或还原性气体；采用电磁力、吹惰性气体等方式搅拌钢水；为补偿精炼过程中钢水温度下降的损失，采用电弧、等离子、化学法等加热方法。

与连铸相匹配的钢包精炼，其作用在于提高铸坯质量和保证连铸工艺的稳定性。选择合适的炉外精炼方法，是提供质量合格钢水的重要手段。

究竟采用哪种炉外精炼法应根据工厂条件和对产品质量的要求来选择，建立不同的生产工艺流程，举例如下：

（1）对于与大型转炉相匹配的板坯、大方坯、圆坯连铸机，要求提供优质钢水，生产无缺陷铸坯，可采用转炉→RH→连铸或转炉→RH+喂丝→连铸工艺。在生产超低碳钢（碳含量小于 0.0015%）或超低硫钢（硫含量小于 0.001%）时，可采用 LF 炉与真空处理并用工艺，以达到最佳效果。考虑到节省投资，也可采用 CAS-OB（composition adjustments by sealed argon-oxygen blowing，成分调整密封吹氩吹氧）精炼炉工艺。

（2）对于与小型转炉相配合、以生产普碳钢为主的小方坯、矩形坯连铸机，一般采用钢包吹氩或钢包喂丝技术，基本上能满足连铸工艺和铸坯质量的要求。

目前炉外精炼有多种形式，得到广泛应用的有真空循环脱气法（RH）、LF 钢包精炼炉法、真空吹氩脱气（VD）法、真空吹氧脱碳精炼炉（VOD）法、钢包喷粉法、喂丝法、氩氧精炼炉（AOD）法等。

下面以 RH、LF 精炼法为例讨论。

4.5.1.1　RH 精炼法

A　RH 法基本原理

RH 法又称真空循环脱气法，主要适用于氧气转炉炼钢厂或超高功率电弧炉炼钢厂。

RH 法基本原理如图 4-27 所示。

钢液脱气是在砌有耐火材料内衬的真空室内进行。脱气时将浸入管（上升管、下降管）插入钢水中，当真空室抽真空后钢液从两根管子内上升到压差高度。根据气力提升泵的原理，从上升管下部约 1/3 处向钢液吹氩等驱动气体，使上升管的钢液内产生大量气泡核，钢液中的气体就会向氩气泡扩散，同时气泡在高温与低压的作用下，迅速膨胀，使其密度下降。于是钢液以约 5m/s 的速度，呈喷泉状喷入真空室后，钢液被飞溅成极细微粒，而得到充分脱气。脱气后由于钢液密度相对较大而沿下降管流回钢包。实现了钢包—上升管—真空室—下降管—钢包的连续循环处理过程。

RH 技术的优点是：

（1）反应速度快，适于大批量处理，生产效率高，常与转炉配套使用。

（2）反应效率高，钢水直接在真空室内进行反应。

（3）可通过吹氧脱碳和二次燃烧进行热补偿，减少处理温降。

（4）可进行喷粉脱硫，生产超低硫钢。

B　RH 的冶金功能

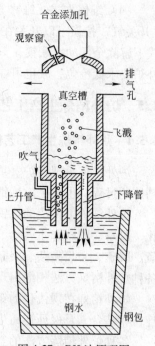

图 4-27　RH 法原理图

现代 RH 的冶金功能已由早期的脱氢发展到现在的深脱碳、脱氧、去除夹杂物等十余项冶金功能，如图 4-28 所示。

脱氢。早期 RH 以脱氢为主。经 RH 处理，一般能使钢中的氢降低到 0.0002% 以下。现代 RH 精炼技术通过提高钢水的循环速度，可使钢水中的氢降至 0.0001% 以下。经循环处理，脱氧钢脱氢率约 65%、未脱氧钢脱氢率约 70%。

脱碳。RH 真空脱碳能使钢中的含碳量降到 0.0015% 以下。

脱氧。RH 真空精炼后（有渣精炼）$w(\mathrm{T[O]}) \leqslant 0.002\%$，如和 LF 法配合，钢水 $w(\mathrm{T[O]}) \leqslant 0.001\%$。

脱氮。RH 真空精炼脱氮一般效果不明显，但在强脱氧、大氩气流量、确保真空度的条件下，也能使钢水中的氮降低 20% 左右。

脱硫。向真空室内添加脱硫剂，能使钢水的含硫量降到 0.0015% 以下。如采用 RH 内喷射法和 RH-PB 法，能保证稳定地冶炼 $w[\mathrm{S}] \leqslant 0.001\%$ 的钢，某些钢种甚至可以降到 0.0005% 以下。

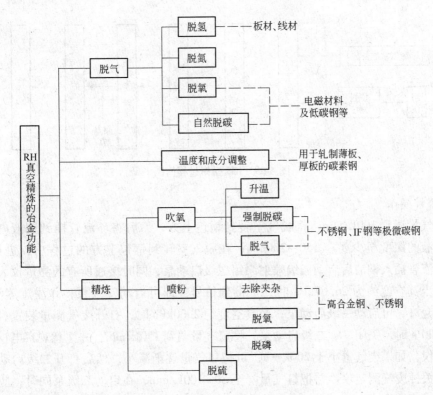

图 4-28 RH 真空精炼的冶金功能

添加钙。向 RH 真空室内添加钙合金，其收得率能达到 16%，钢水的 $w[Ca]$ 可达到 0.001% 左右。

成分控制。向真空室内多次加入合金，可将碳、锰、硅的成分精度控制在 ±0.015% 的水平。

升温。RH 真空吹氧时，由于铝的放热，能使钢水获得 4℃/min 的升温速度。

根据某钢厂的经验，1 号 RH 脱氢效果达到 60% 以上，一般成品氢含量不高于 0.0002%；氮含量可以达到 0.004%，脱氮率为 0~25%；成品钢中氧含量不高于 0.006%；经 RH 自然脱碳可以将钢中碳降到 0.002% 以下，最低含碳量可以达到 0.0009%；可以控制温度在要求值的 ±5℃ 范围内；成分波动范围控制可以做到 $w[C]$ 为 ±0.005%，$w[Al]$ 为 ±0.005%，钢中含硫量不高于 0.003%，脱硫率达 80%，钢中夹杂物可以降到 0.56mg/kg 以下。

C RH 法的基本操作工艺

RH 操作的基本过程如图 4-29 所示。

某厂有处理容量为 100t 的旋转升降式 RH 装置，蒸汽喷射泵的排气能力为 300kg/h 并带有两级启动泵设备，其操作实例如下。

a 脱气前的准备工作

电、压缩空气、蒸汽、冷却水的供应；驱动气体和反应气体的准备；脱气室切断油烧嘴，关闭空气及煤气阀门；提起脱气室并使脱气室从煤气预热装置处离开；在环流管底部套上挡渣帽；将按要求装好料的合金料斗，用吊车安放在脱气室顶盖上。

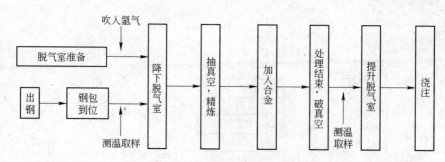

图 4-29　RH 操作过程简图

b　脱气操作

将氩气量调到 100L/min，将脱气室转到钢包上方，然后将环流管插到钢液内，环流管插入钢液的深度至少要有 150~200mm；在脱气室转到钢包上方的过程中，进行测温、取样。环流管插入钢液后启动四级喷射泵组二级启动泵，同时接通所有的测量仪表，并进行记录；当真空度约为 26.67kPa 时，一接到信号，即可启动三级泵，并注意蒸汽压力，如果压力允许，可启动一级启动泵；当真空度约 2.00kPa 时，打开废气测量装置；当真空度达 6.67kPa 时，关闭一、二级启动泵；将氩气量调到 150L/min，并注意观察电视装置和废气测定仪，如果废气量小于 200kg/h，可把氩气量逐渐减小，然后打开二级启动泵，在此前必须关掉废气测定仪，并把氩气量降至 80~100L/min，在启动二级泵同时，应注意电视中情况，当真空度达到 0.67kPa 时，再把废气测定仪打开，如果废气量超过 250kg/h，必须重新停止二级泵；在 266~400Pa 时，打开一级泵，并注意蒸汽压力；当废气量继续下降时，可将氩气量升到 150L/min、200L/min、250L/min，在启动一级喷射泵后，对脱气装置充分抽气，在远距离控制板上的指示读数应显示出各种压力、气体流量和温度读数。

c　钢液脱气过程控制

通过电视装置观察钢液的循环状态。当达到 3333~6000Pa 时，随着插入深度的不同，钢液逐渐到达脱气室底部，进入上升管的时间比进入下降管的时间稍微早一些。在 1333~2666Pa 时，钢液的循环流动方向十分明显。通过电视装置，观察钢液的脱氧程度及喷溅高度。分析废气以了解钢液的脱氧程度和脱气程度，也有些厂家靠分析废气来确定钢中碳含量，以决定加入合金和 RH 处理终了时间。调节氩气流量以控制钢液循环量、喷射高度及脱气强度。

d　合金的加入

加料时间要合理选择，一般要求在处理结束前 6min 加完。

e　取样、测温

取样、测温在脱气开始之前进行一次外，以后每隔 10min 测温、取样一次，接近终了时，间隔 5min 取样一次，处理完毕时，再进行测温、取样。

f　脱气结束操作

打开通气阀，停止计时器，关闭 1~4 级喷射泵，停止供氩气并关闭氩气瓶；关闭冷却水；如果 1h 内不再进行脱气，可将合金漏斗移走，继续进行预热。

g 浇注

将钢包吊至连铸车间进行浇注。

4.5.1.2 LF 精炼法

A LF 法基本原理

LF（ladle furnace）法是日本大同特殊钢公司于 1971 年开发的，是在非氧化性气氛下，通过电弧加热、造高碱度还原渣，进行钢液的脱氧、脱硫、合金化等冶金反应，以精炼钢液，为了使钢液与精炼渣充分接触，强化精炼反应，去除夹杂，促进钢液温度和合金成分的均匀化，通常从钢包底部吹氩搅拌。它的工作原理如图 4-30 所示。钢水到站后将钢包移至精炼工位，加入合成渣料，降下石墨电极插入熔渣中对钢水进行埋弧加热，补偿精炼过程中的温降，同时进行底吹氩搅拌。它可以与电炉配合，取代电炉的还原期，能显著地缩短冶炼时间，使电炉的生产率提高。也可以与氧气转炉配合，生产优质合金钢。同时，LF 还是连铸车间，尤其是合金钢连铸车间不可缺少的钢液成分、温度控制及生产节奏调整的设备。

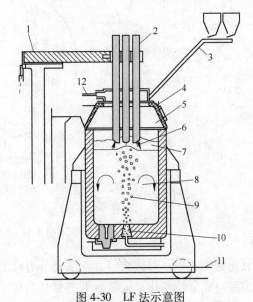

图 4-30 LF 法示意图

1—电极横臂；2—电极；3—加料溜槽；4—水冷炉盖；5—炉内惰性气氛；6—电弧；7—炉渣；8—气体搅拌；9—钢液；10—透气塞；11—钢包车；12—水冷烟罩

LF 法因设备简单，投资费用低，操作灵活和精炼效果好而成为钢包精炼的后起之秀，在我国的炉外精炼设备中已占据主导地位。

由于常规 LF 法没有真空处理手段，如需要进行脱气处理，可在其后配备 VD 或 RH 等真空处理设备。或者在 LF 原设备基础上增加能进行真空处理的真空炉盖或真空室，这种具有真空处理工位的 LF 法又称作 LFV 法（ladle furnace+vacuum（真空））。

B LF 的精炼功能

LF 的精炼功能如图 4-31 所示。LF 精炼法能够通过强化热力学和动力学条件，使钢液在短时间内得到高度净化和均匀。LF 的精炼功能如下：

（1）埋弧加热功能。采用电弧加热，能够熔化大量的合金元素，钢水温度易于控制，满足连铸工艺要求。LF 电弧加热时电极插入渣层中采用埋弧加热法，电极与钢液之间产生的电弧被白渣埋住，这种方法的辐射热小，对炉衬有保护作用，热效率较高，电弧稳定，减少了电极消耗，还可防止钢液增碳。

（2）惰性气体保护功能。精炼时由于水冷炉盖及密封圈的隔离空气作用，烟气中大部分组分是来自搅拌钢液的氩气。烟气中其他组分是 CO、CO_2 及少量的氧和烟尘，保证了精炼时炉内的还原气氛，钢液在还原条件下可实现进一步的脱氧、脱硫。

（3）惰性气体搅拌功能。底吹氩气搅拌有利于钢液脱氧、脱硫反应的进行，可加速渣

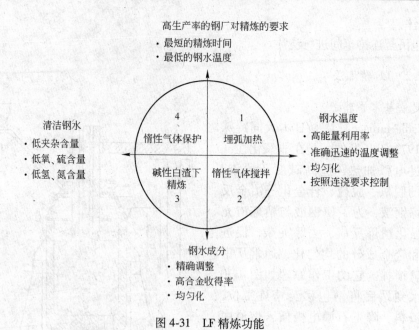

图 4-31　LF 精炼功能

中氧化物的还原，对回收铬、钼、钨等有价值的合金元素有利。吹氩搅拌也利于加速钢液的温度与成分均匀化；能精确调整复杂的化学组成。吹氩搅拌还可以去除钢液中的非金属夹杂物和气体。

（4）碱性白渣下精炼。由于炉内良好的还原气氛和氩气搅拌，LF 炉内白渣具有很强还原性，提高了白渣的精炼能力。通过白渣的精炼作用可以降低钢中的氧、硫及夹杂物。

总之，LF 精炼有利于节省初炼炉的冶炼时间，提高生产率；协调初炼炉与连铸机工序，满足多炉连浇要求；能精确地控制钢液成分，有利于提高钢的质量以及进行特殊钢的生产。

4.5.1.3　VD 法简述

钢包真空脱气法（vacuum degassing）简称为 VD 法。它是向放置在真空室中的钢包里的钢液吹氩精炼的一种方法，其原理如图 4-32 所示。日本又称其为 LVD 法（ladle vacuum degassing process）。

最早的真空脱气设备即为现在将其称为 VD 的炉外精炼设备，这种真空脱气设备主要由钢包、真空室、真空系统组成，基本功能就是使钢水脱气。这种方法存在的一个突出的问题，就是钢水没有搅拌和加热。

A　VD 精炼工艺及效果

VD 炉的一般精炼工艺流程为：吊包入罐→启

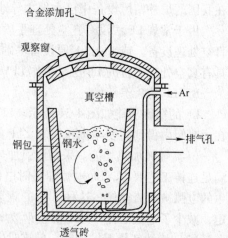

图 4-32　VD 钢包真空脱气的工作原理

动吹氩→测温取样→盖真空罐盖→开启真空泵→调节真空度和吹氩强度→保持真空→氮气破真空→移走罐盖→测温取样→停吹氩→吊包出站。VD 真空脱气法的主要工艺参数包括真空室真空度、真空泵抽气能力、氩气流量、处理时间等。

通过 VD 精炼，钢中的气体、氧的含量都降低了很多，夹杂物评级也都明显降低。这个结果说明这种精炼方法是有效的。但应当指出的是，当今使用的炉外精炼方法得到的钢质量比单独采用 VD 精炼要好得多。

B LF 与 RH、LF 与 VD 法的配合

为了实现脱气，与 LF 配合的真空装置主要有两种：RH 和 VD。目前日本倾向于 80t 以上的转炉或电炉采用 LF+RH 炉外精炼组合，因为钢包中钢渣的存在并不影响 RH 操作，所以 LF 与 RH 联合在一个生产流程中使用是恰当的。小于 80t 的转炉或电炉采用 LF+VD 炉外精炼组合（钢包作为真空钢包使用）。与 LF+RH 相比，由于渣量太大，LF+VD 的脱气效果略差一些。VD 的形式又有两种：一种是真空盖直接扣在钢包上，称为桶式真空结构；另一种是钢包放在一个罐中，称为罐式真空结构。LF+RH 和 LF+VD 法如图 4-33 所示。

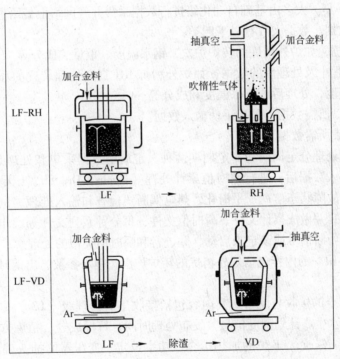

图 4-33 LF 与 RH、VD 的配合

4.5.2 炉外精炼过程自动化

按照国际标准组织（ISO）建议的结构，企业自动化系统中的过程控制自动化是属于检测驱动级（L0）、基础自动化级（L1）、过程自动化级（L2）、生产管理级（L3）、经营管理级（L4）、决策管理级（L5）共 6 级中的过程自动化级（L2）。它主要是对被控制的工艺过程执行监控，对生产过程数据进行采集、分析，运行工艺优化数学模型和人工智能模型，进行各种技术计算，提供处理过程中的各种预报和设定以及实绩，并显示在相应操作画面上，给出操作指导或直接对基础自动化级 SPC（设定控制）控制，统计和制作各类

生产报表，与 L3、L4、L5 各级进行数据通信。

早在 20 世纪 70 年代末至 80 年代初，日本和欧洲就很重视开发和采用过程计算机控制炉外精炼生产，并获得了巨大的经济效益。在 1995 年以前，我国炉外精炼大都只有基础自动化，很少采用过程控制自动化，近年来由于要提高钢水质量和节能降耗，过程自动化已开始得到重视。

4.5.2.1　炉外精炼过程控制级的功能

炉外精炼过程控制自动化级的功能主要有以下几个方面：

（1）试验分析和数据处理。由全厂分析中心计算机把各种原料（合金等投入物）的分析结果以及全厂分析计算机或精炼炉前快速分析、转炉电炉计算机的钢水成分送炉外精炼过程控制计算机，后者做合理性的检查后，将其存入原料分析值文件并由 CRT 自动显示。

（2）数据采集。大多由基础自动化级进行数据采集并经网络上传给过程机，其中包含某些手动输入数据。数据大致有以下四类：

1）原始数据，如炉外精炼的转炉炉次、钢水温度、重量、成分等。

2）处理过程中及处理后的数据，如炉外精炼 RH 真空处理装置的环流氩气、炉气成分、排气量和温度，处理后的钢水温度和成分等。

3）数学模型所需数据，包括手动输入数据。

4）打印报表所需数据。

数据采集和处理分定周期和非定周期两种。定周期数据采集和处理是以 1min 或更短时间为周期，采入数据后，进行瞬时值累计处理（10min、1h、8h、1 天、1 月等）。瞬时值处理包括仪表故障状态监视、平滑化、热电偶断线检查和输入处理、量程单位数据变换以及超低检测等，并做成累计文件、瞬时值文件、每分钟系列文件等。非定周期数据采集和处理是由过程中断信号或设定来启动，并进行和瞬时值类似的处理。

（3）跟踪。跟踪的内容包括炉外精炼的转炉炉次、钢水参数、出钢时间、对炉外精炼的要求等。

（4）生产指令的接收与发布。其内容包括接收生产管理级（L3）或与转炉计算机有关的管理系统钢水生产计划调度信息，发布处理时间、目标成分、精炼方式等命令，进行短期计划的编制、修改，LF 炉的加热指令、功率设定、变压器的抽头确定，钢水处理控制（合金化、脱氧、脱硫）等。

（5）生产操作管理。生产管理的内容包括各个料仓料位和库存量管理、合金称量和加入管理、处理时间管理等。

（6）模型运算、优化与人工智能的应用。

4.5.2.2　炉外精炼过程控制数学模型和人工智能

从炉外精炼过程控制自动化级的功能中可以清楚地看出，其技术的核心是有关过程控制数学模型的运算、优化与人工智能的应用。

过程控制数学模型提供炉外精炼处理过程中钢水温度和成分等的预报以及设定信息，并显示到相应的操作画面上，是具有实时性特点的过程自动化。例如，采用 RH 工艺控制模型进行控制，可精确预报 RH 处理终点，缩短处理时间，控制成分，稳定提高钢的质量，在最大限度地提高 RH 设备处理能力的同时降低原材料的消耗和劳动力的费用，为炼钢厂完成操作目标创造良好的条件，故国内外的自动化系统广泛采用数学模型进行控制或作为操作指导。但在实际应用过程中，结合工艺条件的不断变化数学模型需要有一个不断优化的过程。

人工智能是模拟冶炼工艺专家或操作工的思维来解决问题的一门先进学科，其内容很多，在钢铁工业中的应用主要是智能信息处理系统，即模糊控制、专家系统、神经网络和遗传算法等。模糊理论对于处理专家的不确定知识十分有效。专家系统是利用某一领域专家的知识，模拟专家推理方式来得出结论，其结构包括知识库、推理机等。专家系统的关键是知识的获取，近年来已出现知识自动获取的方法和装置。神经网络技术可以辨识隐含规律，特别是那些"灰箱"系统等难以用数学方法描述的过程，神经网络使用实际输入和输出数据，经过学习后就能建立模型。神经网络有多种方式，使用最广泛的是反向传播网络。所有人工智能都是通过计算机的程序来实现的。人工智能的应用可以是单独的模糊控制、专家系统、神经网络系统，也可以混合使用，还包括人工智能各种技术的混合或与传统数学控制模型混合而组成的系统。

钢铁生产过程，特别是包括类似炉外精炼的冶炼过程，由于涉及复杂的热传导等问题，难以用物理化学模型准确描述，而且这些模型往往在异常工况条件下无效而只能依赖于操作员熟练的操作。故近年来，大力采用人工智能技术来解决这类模型的控制问题，现在炉外精炼使用人工智能还处于初步探索阶段。

A RH 真空精炼数学模型

RH 处理的钢种按处理目的分为三类：第一类为轻处理钢，其原理是通过真空脱气来减少脱氧产物，然后合金化；第二类是深脱碳钢，其原理是要求 RH 前期真空脱碳到 0.003% 以下，然后进行合金化；第三类是本处理钢，其原理是利用真空循环条件，通过多次合金微调，将成分控制在很窄的范围内，该类钢种在 RH 处理时已经脱氧，只进行脱气和成分微调。在实际生产中，前两类钢种居多。

RH 真空精炼数学模型是基于冶金热力学和动力学反应，以物料平衡和热量平衡为依据，结合生产的经验进行修正，最终得以实用的工艺数学模型。目前，实用化的数学模型主要以静态预报为主，包括预报 RH 处理过程中的 $w[C]$、$w[O]$ 和温度，进行合金化计算。

RH 工艺控制数学模型最典型、最重要的工作是根据钢种要求、钢水的原始条件和 RH 处理动态实测信息进行计算，预报处理过程状态，提供所需的设定值，并向基础自动化级发送信号，使 RH 处理在最短时间内准确达到要求的钢水温度和成分。具体功能如下：

（1）在 RH 处理前，数学模型根据钢水条件进行计算，提供操作指导和各种操作模式的设定值。

（2）在线预报钢水中碳、氧等成分和温度变化，动态显示主要操作参数。

（3）计算达到目标的终点温度以及在降温时所需冷却剂的加入量、在升温时所需铝丸的加入量，动态预报钢水温度。

（4）真空脱碳结束后（或前期循环后），计算并确定脱氧剂及合金加入量的设定值，预报钢水成分。

（5）打印数据报表，进行数据处理。

按以上功能，RH 共有 5 个模型，即操作模式选择和操作指导模型、脱碳模型（主要针对 RH 处理前期）、合金化模型、温度控制和预报模型、钢水成分预报模型。

模型运行过程如下：钢包达到处理位后启动，当目标钢种、钢水重量、渣层厚度、钢水初始成分、温度等条件具备后，操作模式选择和操作指导模型首先启动计算，同时，脱碳模型、温度控制和预报模型、钢水成分预报模型运行。每隔 1min 预报钢水碳含量、温度和其他成分（需要加入的冷却剂或发热剂）重量。真空脱碳过程（或前期循环）结束后，合金化模型启动以计算各种合金加入量，最终由温度控制和预报模型、钢水成分预报模型预报达到 RH 处理终点的钢水成分、温度和总的处理时间。由操作工确认后，结束本炉处理，最后打印汇总本炉数据。

RH 过程控制数学模型计算的设定值包括：真空曲线号、真空压力设定值、环流气类型（Ar 或 N_2）、环流气总流量、合金加入量、冷却剂加入量、加铝升温的铝丸量、顶吹氧操作模式等。

B　LF 炉精炼数学模型

LF 炉精炼数学模型包括温度模型、合金模型、渣模型、搅拌模型、脱气模型、脱硫模型、脱碳模型及成分和温度预报模型等。这些模型计算的结果不仅可返回控制 LF 炉运行，还可以用于分析和预报钢水和渣的成分。

LF 炉精炼数学模型的目的是：通过计算机在线指导 LF 炉的精炼过程，对供电、造渣、调温和合金化等操作参数进行合理的优化计算，向基础自动化级输出工艺操作参数或工艺操作指导参数，并对精炼过程中的钢水成分和温度进行在线静态预报，示踪精炼运行过程，以提高终点成分与温度的命中率，提高产品质量，降低生产成本。其基本功能包括：

（1）输出精炼工艺操作参数或工艺操作指导参数，即根据精炼目的、实际钢水初始条件和连铸工艺要求，提出操作程序和操作参数，包括确定 LF 炉精炼的操作时间、温度制度和供电制度、底吹搅拌工艺制度、造渣制度和熔剂配料计算、成分精炼制度和合金配料计算、碳含量控制、脱氧工艺以及脱硫工艺等。

（2）过程示踪及在线预报，包括钢水成分示踪、渣成分示踪、温度示踪、终点（温度、钢水成分、氧含量等）预报以及材料性能预报等。

（3）数据处理，主要是对生产记录进行统计处理，主要数据库有工艺模式数据库、钢种标准数据库、标准精炼工艺数据库、原材料数据库、精炼操作过程数据库以及精炼历史数据库等。

（4）输出功能，主要有过程显示、终点显示、趋势显示以及打印报表等。

LF 炉炉外精炼的主要数学模型包括合金模型、熔剂模型、搅拌模型、温度模型、脱硫模型、脱气模型、钢水成分预报模型、渣成分预报模型和温度预报模型。

4.5.3　炉外精炼基础自动化

4.5.3.1　基础自动化的性质和功能

炉外精炼的基础自动化包括检测驱动级（L0）和设备控制级（L1）。前者包括过程控制用的检测仪表、传感器、变送器、执行器等，以及电气传动的交直流调速装置、电动机控制中心、极限开关等；后者是控制设备，如 PLC、DCS、PCS、工控机、现场总线、接口和显示操作装置以及某些监视和工程师用的人机界面装置等。

基础自动化按其性质来说可分为三部分：

（1）过程量的检测与控制，简称回路控制，即温度、压力、料位等过程量的测控。

（2）电气传动控制，主要是各个电气设备的顺序控制和启、停以及联锁等。

（3）中央监视与操作。

在炉外精炼中，基础自动化的功能大致包括以下几个部分：

（1）数据采集，包括炉外精炼工艺过程中主要参数的检测。

（2）自动控制，即炉外精炼工艺过程中主要工艺参数的自动控制，以达到炉外精炼的最终目标。

（3）电气传动顺序控制，即对炉外精炼所有的电气设备按工艺所要求的顺序进行控制、联锁、启停。

（4）故障报警，包括工艺过程参数的超限报警以及电气、仪表、设备本身的故障报警，而这些报警又分成轻、中、重三度报警。

（5）数据处理，即对精炼过程中所采集的数据进行处理和存储，以供控制、显示和打印用，主要处理包括压差、流量的开方以及温度和压力补正等运算，消耗按班、日、月的累计计算，历史数据的存储趋势记录等一系列的运算显示。

（6）在精炼过程中接收上位机的设定值进行 SPC（设定值控制），包括接收数学模型设定值以及人工智能（如模糊控制、神经元网络等）指令并进行控制。

（7）画面显示，包括在 CRT 上显示工艺流程画面、操作画面、工艺参数趋势曲线、历史数据、图形画面等。

（8）数据记录，包括班报、日报、月报、报警记录以及专门的报表，如合金投入量、喂丝重量等。

（9）数据通信，包括 PLC 之间，PLC 和 DCS 之间以及上、下位机之间的通信。

虽然炉外精炼有许多不同的工艺流程，但上述功能都是一样的，只是由于工艺流程不同而导致各项的具体内容不同。

4.5.3.2 RH 真空精炼装置基础自动化

RH 真空精炼工艺流程主要分成 7 个系统，即钢包运输系统、钢包处理站、真空系统、真空室加热系统、合金上下料系统、真空室部件修理和更换系统以及真空部件修理、砌造系统。

钢水在 RH 真空处理装置中进行处理是在钢包处理站中进行的，其操作过程为：从转炉或吹氩站来的钢包通过吊车送到运输车上，并由运输车把钢包移送到处理位置，钢包与运输车一同升起；引导钢水进入真空室中的插入管，气体由氮气换成氩气，插入管进入钢包熔池大于 400mm；启动真空泵（如泵已经启动，则打开吸管阀门），真空室中的压力降低，钢水被吸入到真空罐中，由于上升管导入氩气，钢水循环产生；然后人工测温取样，真空室中处理情况将由工业电视进行监视；如果要强制脱碳或化学加热，可通过顶枪向循环钢水中吹氧，达到所需真空度后各种处理就可以进行，例如添加合金料等；真空处理完毕后，钢包下降并移至转盘处，旋转 90°后被吊起，并送连铸设备进行连铸。

通过 RH 真空精炼装置基础自动化的数据采集功能所采集的数据包括：钢包小车、钢包顶升系统的钢包钢水重量；真空室系统的耐火材料内衬温度；真空泵系统的冷凝器冷却水流量、压力和温度以及排水温度、密封缸液位，蒸汽总管流量、压力和温度，蒸汽喷射泵的蒸汽压力，主真空阀后真空度，废气流量、压力和温度，气体冷却器前、后废气温度，气体冷却器温度及冷却隔板排气流量，真空阀前真空度；铁合金系统的各料仓料位，真空料罐真空度；真空室煤气加热系统的主烧嘴煤气、氧气、空气流量和压力，点火烧嘴煤气及压缩空气压力，真空室加热温度，排气烟罩内压力；钢水测温定氧系统的钢水温度和氧含量；真空室插入管吹氩吹氮系统的氩/氮支管流量和压力，氩/氮插入管流量；设备冷却水系统各冷却点的冷却水流量、压力和温度；真空室底及插入管煤气烘烤系统的煤气和空气流量、压力；真空处理水系统的净循环水水位、温度、压力和流量；能源介质系统的压缩空气、氧气、氩气、氮气、焦炉煤气、水等总管流量、压力等。

RH 真空精炼装置基础自动化的自动控制功能包括：主真空阀后真空度控制，真空室加热温度及空燃比控制，排废气烟罩内压力控制，插入管氩气流量控制，铁合金称量控制，氧气、氩气、氮气以及焦炉煤气等总管压力控制，真空室底部烘烤加热温度控制等。

4.5.3.3　LF-VD 钢包炉真空精炼基础自动化

LF-VD 钢包炉真空精炼基础自动化系统，其主要功能包括数据采集、自动控制、电气传动顺序控制和故障报警。

LF-VD 钢包炉真空精炼的数据采集主要包括：各料仓的料位测量、称量料斗的称量、搅拌氩气的流量和压力测量、真空系统的真空度监测、冷却水和蒸汽的流量和压力测量、钢水温度测量、变压器等电气参数（如一次和二次电压、电流、功率以及电能消耗）和抽头位置等电极升降液压系统参数的测量。

LF-VD 钢包炉真空精炼的自动控制包括：搅拌用氩气流量控制、搅拌时间设定控制、铁合金称量及投入控制等。

LF-VD 钢包炉真空精炼的电气传动顺序控制包括：测温取样、定氧、液位检测装置更换测量头的机械手等动作，钢包台车行走位置（包括到真空室吹氩气搅拌、加热升温等工位），冷却包盖升降，真空系统操作，喂丝机操作，可移动弯头小车动作，合金料投放，各料仓上料，除尘装置动作，扒渣机动作等以及电极升降控制。

LF-VD 钢包炉真空精炼的故障报警包括两大类，即过程参数超限及电气仪表设备本身故障报警。

4.6　连铸生产工艺及过程控制

4.6.1　连铸生产工艺简述

钢液经过连续铸钢机（简称连铸机）连续不断地直接生产钢坯的方法就是连续铸钢法（continuous casting，简称连铸）。用这种方法生产出来的钢坯称为连铸坯。

连续铸钢的生产技术从 20 世纪 50 年代开始发展，60 年代得到推广应用，70 年代后期其设备和工艺的发展日臻完善。至今，世界上包括我国在内的许多主要产钢国家的连铸比（连铸坯占粗钢总产量的比例）都超过了 90%。

连铸法的出现从根本上改变了间断浇注钢锭的模铸传统工艺，大大简化了由钢液得到钢材的生产流程。

连铸生产比模铸生产钢锭具有以下优点：

（1）铸坯的切头率比铸锭减少，金属收得率提高 10%~15%，钢的成材率提高 8%~14%，钢的生产成本降低 15%~20%。

（2）连铸和轧钢配合生产，可以节省 70%~80% 的热能消耗，减少初轧设备，车间占地面积减少 30%，基建费用节约 40% 左右。

（3）便于实现机械化、自动化生产，改善劳动条件，提高劳动生产率 30%。

（4）连铸坯组织致密，夹杂少、质量好。

连铸机虽然分类复杂，但其工艺流程基本上是一致的，都是由钢水连续地凝固成钢坯。弧形连铸机的生产流程基本如下：从炼钢炉出来的钢水倒入钢包内，经过二次精炼获得符合连铸温度和成分的钢水，用吊车运到连铸机钢包回转台的受钢位置并旋转到浇注位。钢水通过钢包底部的水口，经过对滑动水口式塞棒的控制将其注入中间包内。中间包水口的位置被预先调好，对准下面的结晶器，通过对中间包滑动水口式塞棒的控制，钢水流入其下端出口由引锭杆封堵的水冷结晶器内，当结晶器下端出口处坯壳有一定厚度时，启动结晶器振动装置。通过引锭杆向下拉拔力的传递，带有液芯的铸坯通过由若干夹辊组成的弧形导向段，这时铸坯一边下行，一边经受二次冷却区的强制冷却，继续凝固。引锭杆拉出拉坯矫直机，将其与铸坯脱开，当铸坯被完全矫直且凝固后，由切割机将其切成工艺要求的长度。最后，铸坯经过去毛刺机、推钢机、垛板台等一系列操作后，经辊道送到指定地点，这就完成了连续铸钢的一般过程，如图 4-34 所示。

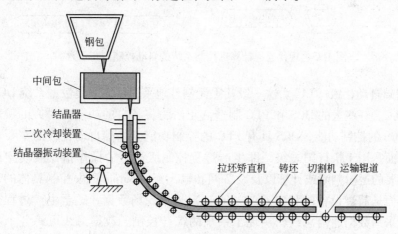

图 4-34　弧形连铸机的生产流程示意图

连铸机的主要工艺参数包括连铸机的生产能力、冶金长度、流数、拉坯速度、圆弧半径、作业率以及多炉连浇数。

4.6.2　连铸过程自动化

现代连铸计算机控制系统主要实现的自动控制内容，如图 4-35 所示。

为了实现如图 4-35 所示的自动控制功能，现代连铸计算机系统一般分为以下三级。

（1）检测驱动级（L0）。这一级主要由现场各种智能化仪表、全数字化的交直流传动装置所组成，还包括执行机构、电磁阀、传感器、操作接口等，这些设备通过设备网和基础自动化级（L1）进行控制信息交换，即提供现场测量参数，接收控制参数。设备网的主流技术是现场总线控制系统 FCS。目前，现场总线控制系统的开发方兴未艾，而标准 IEC61158 将现行不同生产厂家的 8 个总线标准规定为现场总线标准的 8 个子集说明，每个现行的总线技术均有其各自的特点和不足，形成统一的国际标准还有待时日。典型的网络技术，如西门子的 Profibus DP 和 AB 公司的 Devicenet 都在连铸机自动控制上有着广泛的应用。

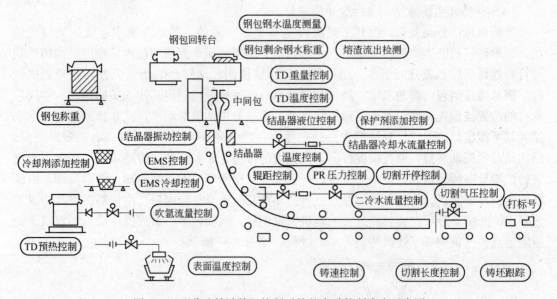

图 4-35 现代连铸计算机控制系统的自动控制内容示意图

（2）基础自动化级（L1）。这一级几乎无例外地采用仪表的集散型系统 DCS 和可编程序控制器 PLC。一些大的 DCS 和 PLC 制造商正纷纷将各自的功能向对方的领域延伸，即 PLC 具有 DCS 的控制功能，DCS 具有 PLC 的控制功能。基础自动化级的主要功能有两个方面：一方面是用于执行第二级，即生产过程控制级送来的操作指令或模型计算的设定值，通过必要的逻辑判断或计算以及设备网和输出点（output）去控制具体的现场生产设备；另一方面是通过设备网和输入点（input）采集现场数据，送至生产过程控制级。基础自动化级采用数据通信总线，实现了系统的综合控制。数据总线可将各个基本控制器（PLC、DCS）、CRT 站及生产过程控制级计算机等有机地连接起来，保证了系统控制功能的分散和操作显示的高度集中，同时也为生产过程控制级实行综合控制创造了条件。典型的数据通信总线有西门子公司生产的工业以太网和 AB 公司生产的控制以太网，它们都在连铸机的自动控制中得到了广泛的应用。这些数据通信总线现在都采用环网的形式，以保证在出现故障时能双向冗余、传递信息、提高通信的可靠性。

（3）生产过程控制级（L2）。这一级一般是用以控制一台连铸机的整个生产过程，其中包括生产数据采集、各种数学模型计算、整个生产时序控制、铸坯跟踪、铸坯质量判断、生产过程历史数据存储、报表打印、事故报警、重轻度判断和显示等。这一级采用的计算机系统一般有两种，一种是以小型机为主，如 VAX、ALPHA 等机型，附加 CRT 和打印机等组成，另一种是最近才发展起来的客户机/服务器（C/S）系统，由于其拓展灵活而逐渐被广泛使用。该系统包括服务器、若干 PC 机和打印机，并用以太网（Ethernet）进行数据通信。

4.6.2.1 连铸生产过程控制级的功能

连铸生产过程控制级又称二级自动化系统，其功能主要是完成整个连铸机生产过程中全行程的控制与管理。

连铸生产过程控制级的主要功能是：输入制造命令、制造标准和作业顺序安排，收集和处理生产过程数据，进行生产过程的控制、数学模型的计算、质量的控制、数据参数的显示记录、精整管理、铸坯的跟踪、设备的诊断以及与生产管理级、基础自动化级之间的数据通信。

A 制造命令、制造标准和作业顺序的安排

连铸生产过程控制级在有生产管理级（L3）计算机的情况下，接收生产管理级计算机送来的制造命令，并在本级存有制造标准和作业顺序；在没有生产管理级计算机的情况下，可由 CRT 通过键盘输入制造命令，并在本级存有制造标准和作业顺序，同时把制造命令、制造标准、铸造顺序的信息传送给精整计算机。

另外，连铸生产过程控制级可以通过基础自动化级传送来的信息，按作业顺序设定或显示以下设备的运行状态：钢水包是在 A 臂铸造位置还是在 B 臂铸造位置，钢水包注入开始和注入终了；两个中间包小车是在东预热位置还是在西预热位置，是在东浇注位置还是在西浇注位置；中间包交换开始和交换终了；引锭杆装入开始、装入终了以及引锭杆装入可能；中间包注入开始、铸造开始，注入终了、铸造终了，拉坯开始、拉坯终了；连铸的各种运转状态，即准备、装入、保持、铸造、拉坯、引锭杆循环、压紧辊压紧开始和压紧终了；切断开始、切断终了、切断失败以及炉次跟踪。以上各设备的运行状态，都以炉次为单位进行收集和管理。

操作人员可以在连铸操作室生产过程控制级的 CRT 上看到以上各设备的运行状态。

B 数据的采集与处理

数据的采集可以有三种方法，即通过数据通信由基础自动化级采集，这占整个数据采集的 80% 以上；通过 HMI 人工键盘输入；通过数据通信由炼钢、精炼、热轧过程机传输而得到。这三种方法互为补充，以得到下面所要求的数据，不管采用哪一种方法全部输入到生产过程控制级。这些数据共分为以下八类：

（1）与输送连铸机浇注钢号有关的数据，一般由转炉、炉外精炼过程计算机和化验室计算机输入，包括炉次实绩、出钢温度及时刻、钢水重量、脱气最终温度及时刻、钢水成分、炼钢质量异常数据（钢水品质异常代码，如出钢喷粉以及合金处理等的出钢记号）、转炉实绩、炉后喷粉吹氩实绩、炉外精炼实绩等。

（2）与钢包有关的数据，包括转炉号、在回转台上的钢包号及使用次数、滑动水口直径、塞棒使用次数、钢包到达时间、钢水温度和测温时间、吹氩终了时刻以及总吹氩量、压力和时间。

（3）与中间包有关的数据，包括在中间包小车上的中间包号、使用次数、预热时间、吹氩量、在预热位置的中间包号、在铸造和预热位置的中间包小车号等。

（4）与结晶器有关的数据，包括使用中的结晶器号码、使用次数以及该连铸机所有结晶器的型号和所在位置。

（5）与连铸机号有关的数据，包括以炉次为单位收集到的连铸实绩。在多炉连浇时，若进行异钢种连浇，以接缝位置作为炉次区分点；若进行同钢种连浇，则以铸坯切割点作为炉次区分点。此外，还包括钢包开浇日期及时刻、连铸机号、预定出钢记号和实际出钢记号、钢水重量和钢渣重量、交换中间包时刻、交换中间包时刻的总铸造长度、钢包开浇及终了时刻、浇注时间；板坯连铸调宽开始和终了时刻以及调宽所需时间；拉坯时间及所需周期，钢包开浇时的已浇注长度、炉次开始和终了时的浇注长度、板坯连铸调宽开始和终了时的浇注长度；最高和最低拉速以及平均拉速、钢包交换时的拉速、板坯连铸调宽时的拉速；中间包开浇及终了时的钢水重量、在异钢种多炉连浇时中间包的钢水重量、投入保护渣的品名及使用量；在多炉连浇时一个浇注周期中预定和实际的多炉连浇数、中间包连续使用次数、交换中间包浸入水口时刻、中间包浸入水口时浇注的总长度；结晶器平均振动次数和振幅，结晶器冷却水量、进出口温度及温差；每块合格坯重量、铸坯数量及其长度；二次冷却水每段喷水量、喷水方式及气水比。

（6）与浇注长度及时间有关的数据，在从开始浇注到拉拔结束的整个时间内，按规定周期扫描，从 PLC（或 DCS）中采集相应的过程数据，每当浇注长度达到规定长度时，把这些过程数据进行处理及取平均值，即得到一批与浇注长度相应的数据。

（7）切割实绩数据，包括切割日期和时刻、铸坯号、铸坯尺寸和重量、铸坯表面温度、是否热送、坯头和坯尾的重量等。

（8）精整过程的数据，包括从切割后辊道开始到与热轧辊道交接点为止的搬送线上铸坯自动跟踪的所有数据，即铸坯数、铸坯号（铸坯的喷印数据）、铸坯的去向（包括热送铸坯、火焰清理线上的铸坯、人工清理线上的铸坯）、下线堆放在铸坯场待处理的位置及搬运记录数据等。

在采集以上数据以后，生产过程控制级计算机通过各种运算、判断等处理，同时进行以下几个方面的工作：

（1）数据显示。以上的数据通过 HMI 画面和操作员进行人机对话，这些画面包括工艺流程画面（包括工艺流程中各控制点的数据显示、工作状态、运行方式）、数据处理画面（包括工艺数据查询、工作状态修改、控制数据修改）、公共画面（包括画面目录菜单、计算机运行状态）、数学模型计算结果以及设定控制方式专门操作指导画面、工艺参数画面（包括时间系列曲线、趋势曲线、历史记录曲线）、信息及处理实绩画面（包括连铸作业顺序、处理铸造长度画面等）、各类报表画面、铸坯跟踪和钢包跟踪画面、报警画面等。

（2）打印报表，包括打印炉报、班报、日报、月报、铸造计划、报警记录及显示画面的拷贝。

（3）生产过程按数据进行全程协调控制。

（4）质量跟踪，质量判断。

（5）进行数学模型计算。

（6）进行数据通信，把各级计算机必需的数据送往各级。

4.6.2.2 连铸生产过程控制级的控制内容

连铸生产过程控制级计算机对生产过程的控制主要是根据连铸工艺过程连续性的要求，把连铸各工艺段的控制功能联结起来，并不断地发出指令，形成一个完整的自动化连铸生产线。生产过程控制有两种形式，一种是动态模型控制方式，另一种是预设定控制方式。动态模型控制方式是以在线数学模型的运算结果来执行控制，这些数学模型包括根据目标温度进行铸坯温度过程控制的二次冷却模型、漏钢预报模型、最佳切割控制模型、质量异常判别模型等。

连铸生产过程控制级的控制内容主要有结晶器在线调宽控制、电磁搅拌控制、压缩铸造控制和铸坯喷印控制。

A 结晶器在线调宽控制

在多炉钢水连铸时，由于制造命令和钢种不同，铸坯的宽度不一样，为了提高连铸的生产率，保证多炉连浇顺利进行，要求必须能在浇铸生产过程中自动调节结晶器的宽度。另外，即使是同炉钢水的连铸生产，当热轧计算机过程控制系统发出变更铸坯宽度的要求、需要满足热轧生产过程要求、保证热装热送时，也要求能自动变更结晶器的宽度。若既要保证生产的连续性，又要保证不漏钢和切割时铸坯浪费少，就必须采用生产过程控制级的计算机系统，根据铸造命令、钢种和宽度要求，针对切割的实际情况，对铸造速度、铸坯厚度等因素进行分析、计算、查询和设定控制参数，使之能在满足高速铸造的前提下对结晶器宽度变更实行最佳控制。

B 电磁搅拌控制

为了提高铸坯质量，扩大中心等轴晶带，抑制柱状晶的发展，从而减少中心疏松、中心偏析，应利用电磁作用力对连铸生产过程中铸坯内未凝固的钢水部分进行搅拌。对于不同的钢种，铸坯尺寸大小不同，控制电磁搅拌的电流值、周期和频率也都不同，因而对应的控制参数曲线多而复杂，需要生产过程控制级计算机进行处理。生产过程控制级计算机根据铸造命令，检索电磁搅拌控制参数，有效地控制电磁搅拌器的工作，生产出高质量的铸坯。

C 压缩铸造控制

铸造生产过程中，在铸坯矫直时，铸坯内侧的凝固面上受到很大的压力，铸坯外壳内侧容易发生碎裂，特别是在高速浇注时更为明显。为了提高铸坯的质量，防止出现裂痕，就必须采用生产过程控制级计算机，根据压缩铸造理论分析压辊的压力、铸造速度和二次冷却信息，针对铸流实际的运行情况计算铸坯圆弧内侧所受的拉力，并将其与对应铸造命令规定的拉力允许范围相对比。当超过允许范围时，生产过程控制级计算机又必须快速计算出相应的压辊制动力，使其作用于驱动压辊，从而获得最佳压缩铸造控制，在保证铸坯质量的前提条件下获得较高的铸造速度。

D 铸坯喷印控制

由于生产管理的需要，铸坯要进行喷印，连铸生产出的每一块铸坯都要给一个编号。连铸生产过程控制级计算机对已切割的铸坯进行跟踪，当电气PLC收到"进入喷印辊道"信号时，生产过程控制级计算机就向PLC发送铸坯编号并显示在CRT画面上，然后由喷印PLC控制喷印机进行喷印。喷印结束时，从PLC收集喷印的实绩送到生产过程控制级计算机系统。

4.6.2.3　连铸生产过程控制级的数学模型

在连铸生产过程控制中，主要的数学模型有漏钢预报模型、二次冷却水控制数学模型、质量控制系统模型和最佳切割数学模型。

A　漏钢预报模型

漏钢预报是 20 世纪 80 年代开始发展起来的一种连铸机结晶器故障诊断和维护技术，通过研究漏钢成因与机理，检测出拉漏的征兆并报警和控制，建立预报数学模型并不断地完善与进步，使用人工智能技术（人工神经元网络）、多模型和多种技术联合以及可视化技术，直接在 CRT 屏幕上显示出结晶器内钢水及铸坯各部分的温度并以不同颜色显示，从而可直接看出结壳情况。从本质上来说，国内外连铸机拉漏预报方法均为常规的模式识别方法。常见方法之一就是对温度上升量，上升速度或上、下热电偶之间温度峰值的转移时间等参数，用统计分析的方法建立铸坯温度的模型，根据由此算得的温度与实测温度的偏差判断是否发生黏结和拉漏。

B　二次冷却水控制数学模型

建立准确的铸坯凝固过程数学模型，对实现可预测的冷却控制和提高铸坯质量都是很重要的。目前常见的铸坯冷却模型大多是单纯根据传热现象建立的铸坯凝固过程传热偏微分方程模型，然后根据一定的初始条件和边界条件，采用有限的差分法对其求解。事实上，这种方法由于没有考虑液芯中由电磁搅拌和自然对流引起的钢水对流散热，是不正确的。如何补偿液相区和两相区中钢水的对流散热，一直是铸坯凝固过程建模中的一个关键问题。为此，通过综合传热、钢水流动和凝固三种现象建立的铸坯凝固计算机模拟模型，克服了单纯根据传热现象建模的不足之处。

C　质量控制系统模型

质量控制系统用来检查主要的过程变量，产生质量记录，以便进行保证质量的处理。铸坯质量判断数学模型是铸坯质量判断的核心。目前有两种建模方法，即用传统方式建模和用人工智能技术建模。用传统方式建模的方法在本质上是事后分析，其缺点是即使知道某个变量超限，也无法克服其对铸坯造成的不良影响。用人工智能技术建模的方式是近几年才发展起来的，也称为实时质量控制专家系统。其特点一是用质量预报代替传统的质量检验，从而将质量控制从离线提高到在线状态；二是根据众多工艺参数与各种质量缺陷间的复杂关系计算出铸坯的质量，而不是根据偏差来预报质量，因此超过了统计过程控制对质量控制的水平；三是当连铸生产出现波动时，专家系统可动态修改操作参数，以便调整后步工序来补偿铸坯质量，也就是有在线矫正功能。这一类的模型有一个规则集合模型，包括产品缺陷及其产生原因的专家知识，每一个预测规则都与一个确定因素对应，然后构成一个人工神经网络，并利用取自该用户的时间过程数据来训练它，最后采用最接近邻近值分级，将产品分成无缺陷合格产品或有缺陷不合格产品，对连铸-连轧而言，合格的产品热装或直接轧制，不合格的产品视其程度或作废或进行修理。这一系统的优点在于，它把所有的质量信息集中并归属于系统中，使用者可以把新出现的数据以变量形式输入，系统的推断过程是以规则组成的"黑箱"模型为基础的，这些模型不仅包括产品缺陷预测机理，还包括不确定性机理，因而正确性高，便于操作员操作。

D　最佳切割数学模型

连铸机最佳切割的目的是，根据制造命令中对铸坯切割长度的要求进行切割，减少甚至消除大于或小于铸坯切割长度的极限值，使铸坯损失减至最小，以得到最大的金属收得率。现代大型连铸机为了实现最佳切割都使用设定控制方式，即由生产过程控制级计算机做最优切割计算，然后对基础自动化级的 PLC 进行设定控制。其控制方法分为如下四步：

（1）收集对铸坯切割有影响的事件，如已浇注铸坯的总长、异钢种连浇、铸坯宽度的在线调整、中间包的交换、浸入式水口的破损等。

（2）收集切割实绩数据，如切头和取样的切断长度及切断方式、切断机的位置等。

（3）计算出除影响铸坯质量事件以外的切割长度，即所谓的良坯长度。

（4）对良坯进行最佳切割计算，把最佳切割的长度送到 PLC 以进行设定切割控制。

4.6.3　连铸基础自动化

4.6.3.1　连铸生产基础控制级的控制内容

连铸基础自动化级所完成的控制功能主要有：中间包钢水液位自动控制、连铸开浇自动控制、保护渣加入自动控制、结晶器钢水液位自动控制、结晶器冷却水流量自动控制、二次冷却水自动控制、铸坯定长切割自动控制、电磁搅拌自动控制、中间包干燥与烘烤自动控制以及连铸机水处理自动控制。

A　中间包钢水液位自动控制

中间包钢水液位自动控制是提高铸坯质量、保证顺利浇注的重要手段，把中间包的钢水液面控制在一定高度，可使钢水在中间包内有足够的停留时间，让夹杂物上浮，同时也可以保证钢水从滑动水口或塞棒下水口稳定地流入结晶器，这也是结晶器液位稳定不变的一个先决条件。使用 DCS 的中间包钢水液位自动控制系统，如图 4-36 所示。

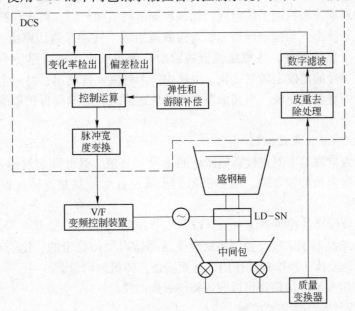

图 4-36　使用 DCS 的中间包钢水液位自动控制系统

中间包钢水液位自动控制的基本控制原理是，用装在中间包小车四个支撑装置上的四个称重传感器，测量中间包的皮重以及钢水进入中间包后的总重，把这些重量信号送至DCS 得出净钢水重量，换算成钢水液位高度。把这一高度与设定值比较，如有偏差则由DCS 进行运算，经液压伺服机构或电动执行机构控制滑动水口或塞棒的开口度，以改变流入中间包的钢水流量。为使中间包钢水液位保持在一定的高度上，在使用电动执行控制机构时，将使用交流电动机和脉冲宽度调制的 VVVF 变压变频装置供电。

B　连铸开浇自动控制

开浇是连铸生产中一个极其重要的环节，在开浇过程中，结晶器中的钢水液位逐渐升高。拉坯机在浇注初期并不工作，而是当液位达到一定高度后才开始拉坯，而且拉速是按照一定的逻辑关系从一个低于正常拉速的值逐渐增高，直到进入正常浇注为止。开浇的成功与否直接决定着连铸过程是否可以顺利进行，所以连铸机开浇的自动控制可分为两个阶段：第一阶段是把引锭杆插入，然后将钢水浇到结晶器内，引锭杆不动，结晶器内钢水液位以恒速上升直到某个规定的高度，一般为结晶器高度的 70% ~ 80%；第二阶段是引锭杆以预先设定的加速度开始往下拉，直到达到预先设定的最终速度为止。在这一过程中，结晶器钢水液位自动控制系统投入运行。

连铸开浇自动控制系统先测量从中间包注入结晶器的钢水重量，然后以物料平衡计算出拉坯必需的最终速度以及所要求的引锭杆加速度，并把这些数据送到夹送辊的驱动装置，以保证拉速与注入结晶器的钢水流量相平衡。

C　保护渣加入自动控制

保护渣在结晶器钢水液面上的均匀加入对于防止钢液表面氧化、吸收上浮非金属夹杂物以及保持铸坯和结晶器良好润滑是必不可少的。为了既使加入保护渣均匀，又能充分利用保护渣，采用保护渣加入自动控制系统。由于连铸场地的情况不同，该系统有许多种形式，下面介绍的是其中一种——由德国曼内斯曼公司制造的保护渣加入自动控制系统。

该系统由加料系统和控制系统组成。加料系统由斜槽加料器、料仓和料仓下面的透气网筛组成。控制系统由气动控制回路和辐射接收器组成。气动控制回路由 PLC 进行控制。辐射接收器为一个热敏元件，接收结晶器液面的热辐射。由于渣层厚度不同，辐射热不同，热敏元件所感受的温度也随之变化，由其中一个测温元件测出；另一个测温元件则测量环境温度。将两者温度比较，当其偏差大于某规定值时就应改变保护渣的加入量，直到温度偏差正常为止。

D　结晶器钢水液位自动控制

结晶器钢水液位波动不但直接影响铸坯的质量（夹渣、鼓肚和裂纹等），而且会导致浇注过程中发生溢钢和漏钢事故，故结晶器钢水液位自动控制是连铸过程中至关重要的问题。

结晶器钢水液位自动控制系统主要有以下几个方面作用：

（1）可靠的结晶器钢水液位控制系统能使结晶器内保持稳定的、比较高的钢水液位，这样能比较有效地发挥一次冷却的作用，从而增加连铸机的产量。

（2）结晶器钢水液位的控制可以改进铸坯表面的质量。

E　结晶器冷却水流量自动控制

结晶器冷却水流量的自动控制不仅是保证设备安全运行的一个重要因素，而且对铸坯凝固、外壳厚度和铸坯质量有重要的影响。通常是控制水压使之恒定,这样冷却水流量也就恒定了;或者直接控制冷却水流量使之恒定,但其设定值却是按钢种、拉坯速度、钢水温度以及冷却水进口温度等情况,经由 PLC 和 DCS(或二级过程控制计算机)来设定。

F 二次冷却水自动控制

连铸机二次冷却区铸坯所散失的热量占铸坯在凝固过程中散失总热量的 60%,它直接影响铸坯的质量和产量。铸坯从结晶器拉出后,凝固壳较薄,内部还是液芯,需要在二次冷却区继续冷却使之完全凝固。冷却均匀,才能获得质量良好的铸坯;同时要保持尽可能高的拉速,以获得高的产量。因此,二次冷却的控制是连铸生产的一个重要环节。二次冷却是把二次冷却区分为若干段,而每段又包括若干个回路进行控制,按照一定的工艺要求来达到总体冷却要求。现在一般的连铸机二次冷却区均采用气水冷却,使冷却水在具有一定压力的空气作用下雾化,均匀地喷洒在铸坯表面上,从而得到均匀缓冷的效果,提高铸坯质量。

气水冷却系统由水控制回路和气流量控制回路两支路合成。水控制回路由电磁流量计、控制器(现在大都采用 PLC 或 DCS)、截止阀和电动调节阀组成。气流量控制回路由孔板差压变送器、控制器(现在大都采用 PLC 或 DCS)、截止阀和电动调节阀组成。

G 铸坯定长切割自动控制

铸坯定长切割自动控制系统主要由检测装置、控制装置(PLC)、参数输入装置及参数显示装置等几部分组成。

H 电磁搅拌自动控制

电磁搅拌自动控制也是分级控制,即生产过程控制级根据工艺要求的时序,通过数据通信向基础自动化级下达电磁搅拌的执行指示并设定参数。而电磁搅拌的基础自动化级一般由一台单独设置的 PLC 组成,这些设定参数包括电流值、通断时间、搅拌方式和频率,在没有生产过程控制级(L2)计算机的情况下,也可以存储在电磁搅拌的 PLC 中。在电磁搅拌按工艺控制要求启动后,按设定参数对电磁搅拌变频器进行设定和时序控制。

I 中间包干燥与烘烤自动控制

中间包干燥与烘烤自动控制在燃烧控制部分是基本一致的,但主要有以下三方面的差别:

(1)中间包干燥控制在一般情况下是离线控制,而中间包烘烤控制是把中间包放在中间包小车上在线控制。

(2)中间包干燥控制没有联锁控制;而中间包烘烤和中间包小车有联锁控制,例如在烤枪下降时,中间包小车就不能横移等。

(3)两者燃烧控制的程序按工艺要求有差别。

下面就其共同的燃烧控制部分加以叙述。中间包干燥与烘烤的能源介质一般采用煤气和空气,其控制的主要检测和控制设备如下。

(1)煤气截止阀,包括主截止阀和烤枪前截止阀两级。其中,烤枪前截止阀必须在满足下列条件时才允许打开:

1)烤枪已经入口点火并降至烘烤位置。

2)煤气压力正常。

3)空气(包括烘烤用空气及仪表系统用空气)压力正常。

4）清洗管道用氮气压力正常。

（2）干燥烘烤用煤气和空气的流量测量装置，一般采用流量孔板，并经变送器变为 4~20mA 标准信号输入 PLC（或 DCS）。

（3）干燥和烘烤用煤气和空气的流量调节阀，可由 PLC 或 DCS 输出进行 PID 调节，在以上设备和条件满足以后，可以用自动控制方式进行控制。

自动控制方式由 PLC 或 DCS 根据所设定的程序图表进行煤气流量设定。而空气流量定值一般为所设定的煤气流量值乘以经验系数（称为空燃比）。

J　连铸机水处理自动控制

连铸机水处理系统对连铸机来说是比较复杂而又相对独立的系统，一般采用两台 PLC（或 DCS）来进行控制，并通过网络系统和连铸机本机的 PLC（或 DCS）进行数据通信。

为给连铸机提供满足要求的高品质冷却水而设置的循环冷却水系统，是依据连铸用水的用水条件、排水条件、外部给水条件、含油排水的允许排放条件和连铸厂的自然条件进行设计的。

连铸机产生的废水中主要包括氧化铁皮和油类杂质，氧化铁皮通过旋流井、沉淀池、浓缩沉淀池、过滤器等环节净化，油类杂质则通过撇油装置净化。连铸水处理系统外部供水所用的工业水若要满足连铸机的冷却要求，仍然需要进行净化和软化处理。依据如上条件设计的连铸机水处理系统，由原水处理系统、间接水系统、直接水系统及排泥脱水系统组成，分别满足连铸机结晶器冷却用水、设备间接冷却用水、设备直接冷却用水以及二次冷却喷淋冷却用水的要求。

连铸机结晶器及电磁搅拌设备通过原水处理系统和间接水系统提供的软化水冷却。辊子轴承、脱锭设备、引锭导向、扇形段、垛板台等设备及液压油，通过间接水系统提供的间接冷却水冷却，设备间接冷却水也称为设备密闭循环冷却水。切割前设备、切割下设备、切割后设备和二次冷却扇形段，则通过直接冷却水系统提供的直接冷却水冷却。

4.6.3.2　连铸生产基础控制级的检测仪表

近年来，铸坯热送、热轧、连铸等新工艺、新技术相继出现，这对连铸生产中的自动化控制和检测仪表提出了更高的要求。可以说在连铸生产中，能否把设备使用和工艺操作控制在最佳条件，主要取决于过程自动控制和检测仪表的精密程度。

检测设备在检测控制系统中的功能大体可以分为如下几类：

（1）生产过程中参数的检测，常使用检测仪表、变送器或传感器。

（2）信号的变换与调节，常使用变送器、变换器、运算器、调节器等。

（3）控制功能的执行，常使用执行器、运算器、调节阀等。

（4）指示、报警、记录。

连铸机的检测仪表如图 4-37 所示。

检测仪表大致可以分为钢包、中间包、结晶器、二次冷却段及机外五部分。这些检测仪表的安装环境都是很恶劣的，如高温、高粉尘含量、多蒸汽、热辐射等，所以在安装这些检测仪表时，一定要注意环境的改善和选择，以保证检测仪表的正常运行。在选用仪表时一定要根据连铸工艺的要求，保证满足测量范围、精度、分辨率、动态响应特性等要求。根据仪表的特殊性，可将连铸检测仪表分成常规检测仪表和特殊仪表。

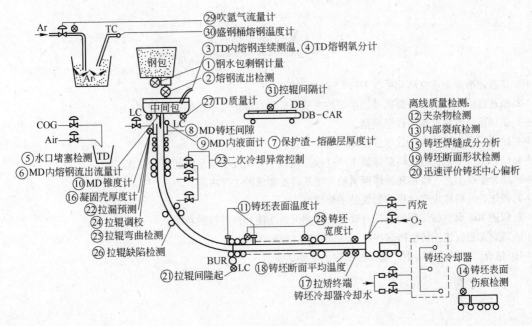

图 4-37 连铸机的检测仪表

A　常规检测仪表

常规检测仪表主要包括压力检测仪表、流量检测仪表、液位检测仪表、重量检测仪表、温度检测仪表和拉速检测仪表等。

常用的压力检测仪表有膜片压力表、膜盒式压力表和弹簧管式压力表等。

流量检测主要包括冷却水流量的检测和各种气体流量的检测。常用的冷却水流量的检测仪表可选用电磁流量计、射流式流量计（又称涡流式流量计）等。连铸机气体流量检测仪表一般采用孔板流量计。水处理中的液位检测仪表可分为差压式液位计、超声波式液位计和电容式液位计。一般重量检测都是由电子秤来完成的。

连铸机的温度检测一般分为三个方面，即高温的钢水温度测量、进出水温度测量和铸坯表面温度检测。浇注钢水温度一般在 1600℃ 左右，采用快速热电偶进行测量。进出水温度在正常情况下不会超过 50℃，对它的检测采用热电偶、热电阻即可实现，一般采用热电阻测量比较方便。目前，用于铸坯表面温度检测的仪表有辐射高温计、比色温度计和光纤式高温计等。

拉速的检测可以直接检测铸坯的线速度，例如利用相关法测速度；也可以通过增设测量辊或者利用铸坯的支撑辊先测量辊的转速，再通过转速转换为线速度。测量转速的方法较多，可选用测速发电机、光码盘、光栅、磁电式转速测量装置等来实现。

B　特殊仪表

连铸机的特殊仪表主要有结晶器钢水液位仪、钢渣流出检测仪、凝固厚度测定仪、辊距和辊列偏心度测定仪、结晶器开口度与倒锥度检测仪、铸坯长度测量仪、漏钢预报检测仪、结晶器振动检测仪、非接触式铸坯切割长度检测仪、水口开度检测仪、铸坯表面缺陷检测仪等。

复习思考题

4-1　试叙述冶金企业自动化系统 L0~L5 的递级结构。

4-2　叙述高炉炼铁生产计算机控制系统的主要功能和高炉炉况控制的主要特点。

4-3　试描述高炉炉况预测数学模型。

4-4　试说明高炉炼铁生产过程控制级的主要内容。

4-5　结合生产工艺，叙述转炉炼钢生产过程控制级中炼钢控制子系统的执行过程。

4-6　结合生产工艺，叙述转炉炼钢氧枪系统基础控制级的主要内容。

4-7　叙述炉外精炼生产过程控制级的主要功能。

4-8　叙述 RH 真空精炼装置基础自动化的数据采集功能和自动控制功能。

4-9　结合工艺叙述连铸生产过程控制级的功能和控制内容。

4-10　结合工艺叙述连铸生产基础控制级的主要功能。

5 炼铁生产监控画面与操作

5.1 炼铁生产自动化简述

炼铁是指利用含铁矿石、燃料、熔剂等原燃料通过冶炼生产出合格生铁的工艺过程。高炉炼铁就是从铁矿石中将铁还原出来，并熔炼成液态生铁。高炉冶炼生产具有以下特点：

一是长期连续生产。高炉从开炉到大修停炉一直不停地连续运转，仅在设备检修或发生事故时才暂停生产（休风）。高炉运行时，炉料不断地装入炉内，下部不断地鼓风，煤气不断地从炉顶排出并回收利用，生铁、炉渣不断地聚集在炉缸定时排出。

二是规模越来越大。现在已有 5000m³ 以上容积的高炉，日产生铁万吨以上，日消耗矿石近两万吨，焦炭等燃料 5000t。

三是机械化、自动化程度越来越高。为了准确完成每日成千上万吨原料及产品的装入和排放，为了改善劳动条件、保证安全、提高劳动生产率，要求有较高的机械化和自动化水平。

四是生产的联合性。从高炉炼铁本身来说，从上料到排放渣铁，从送风到煤气回收，各个系统必须有机地协调联合工作。从钢铁联合企业中炼铁的地位来说，炼铁也是非常重要的一环，高炉休风或减产会给整个联合企业的生产带来严重的影响。因此，高炉工作者都会努力防止各种事故，保证联合生产的顺利进行。

随着炼铁技术的不断进步，高炉生产逐步向大型化、高效化和自动化发展，这对高炉检测技术、检测设备、过程自动化控制都提出了更高的要求。

（1）自动检测在高炉生产中的重要性。自动检测系统是高炉自动化的重要组成部分，控制系统的可靠性及功能配置直接影响高炉重要参数，影响数据的精确性、可靠性，影响高炉生产能力、安全运行、高炉长寿等重要经济指标的实现。因此，在高炉的检测系统中心，必须利用先进的仪表检测设备和可靠的计算机控制系统，并应具有性能可靠的分散控制和高度集中监控与管理相结合的特点，充分体现信息技术和计算机应用技术的发展。

（2）高炉自动化控制的主要职能。传统上因控制设备本身的特点，高炉自动化系统划分为电气、仪表、计算机三大系统。随着控制技术和计算机技术的发展，按照高炉控制对象的特点和工艺本身的要求，把高炉各系统的电气传动和逻辑控制、自动检测和调节、数据计算和处理等功能有机结合在一起，组成三控一体化的高炉控制系统。

高炉自动化控制系统由可编程序控制器（PLC）和集散控制系统（DCS）组成。它的电控部分完成槽下称重及上料系统的计算、炉顶布料等控制。仪控部分完成对高炉本体、热风炉等各系统数据采集、显示，以及对压力、温度等的 PID 调节。过程监控计算机完成数据的采集与处理、数据设定、生产工艺流程数据显示、生产过程的操作控制、报表的打印等工作。

5.2　高炉本体检测控制与操作

5.2.1　高炉本体画面介绍

将采集到的冶炼过程各传感器的信息数据，进行加工、整理、存储，以画面、趋势、表格等形式通过计算机显示屏显示出来，如图 5-1 所示。

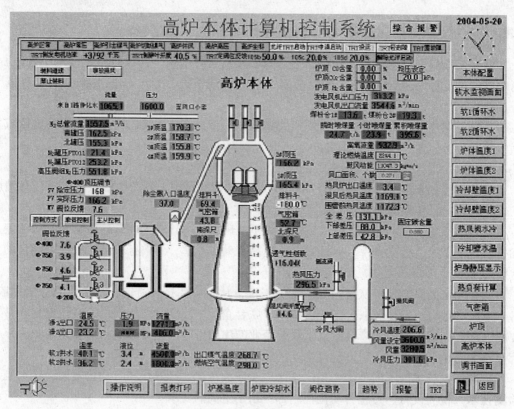

图 5-1　高炉本体画面

画面形象地展示了工艺流程、设备运行状况及各检测点的测量值。

屏幕的右上角显示系统的时间，屏幕的右侧为画面选择菜单，分别有本体配置、软 1 循环水、软 2 循环水、炉体温度、冷却壁温度、热风炉水冷、炉体冷却壁、炉身静压显示、热负荷计算、气密箱、炉顶、高炉本体和调节画面。用鼠标点击控制件可在不同显示画面之间切换，点击后，画面将切换到相应画面，屏幕下侧为控制菜单，菜单有操作说明、报表打印、趋势和报警，用鼠标点击控制件可实现相应功能。

图 5-1 画面形象地描绘出从冷风经排风阀到热风炉转变为热风，鼓风进入高炉，与焦炭、矿石发生一系列物理化学反应转变为高炉煤气，再经煤气系统重力除尘器、文氏管、脱水器变为净煤气，经高压阀组或 TRT 降压进入煤气总网。图上有各检测点的温度、压力、流量的检测值，如风温、风量、压差、富氧量、炉顶压力、炉顶温度、喷吹量、软水、净水系统压力、温度、流量值等，点击图上标有的各阀门将弹出相应的操作器，可进行操作，简单方便。

5.2.2 高炉工长的日常操作

重要工艺参数的一些趋势变化对高炉工长正确判断高炉进程及相应调剂非常重要，通过点击图 5-1 所示屏幕下方的"趋势"按钮将弹出如图 5-2 所示趋势框画面。

图 5-2 趋势框画面

画面上有重要参数趋势、炉顶温度趋势、重要压力趋势、炉身静压趋势、喷煤趋势、煤气分析趋势、高炉各层冷却壁、内衬温度趋势、气密箱温度趋势等控制件。点击控制件将弹出相应趋势图。如点击"重要参数趋势"，将弹出如图 5-3 所示的重要参数趋势画面。

图中反映了风量、风压、热风温度、透气性指数、下料情况的趋势性变化。图中风量用黄色线显示，风压用绿色线显示，热风温度用浅绿色线显示，可以了解到当前风量、风压、热风温度的使用情况及变化趋势，透气性指数用紫色线显示，是风量和料柱压差的比值指标，综合反映出炉子接受风量能力的情况，因它反映炉况比其他参数的表现来得早、容易觉察，故它是及早发现炉况异常的重要参数。向下齿状画线为下料情况趋势线，从图中可以了解到小时料速、炉料下降是否顺利等情况，为高炉工长均匀地控制下料以及稳定操作提供依据。

高炉工长日常调剂举例如下。

5.2.2.1 风量的调节

风量是高炉冶炼中最积极的因素，通常情况下，风量与冶炼强度成正比关系。若焦比不变，风量越大，冶炼强度越高，产量就越高。风量大小的确定要根据高炉生产任务、风量与透气性相适宜及最有利的风速或鼓风动能来综合考虑。风量过大会导致崩料或管道行程，影响高炉寿命。长期慢风不仅影响产量，还会造成炉缸堆积。所以高炉工长应把日常

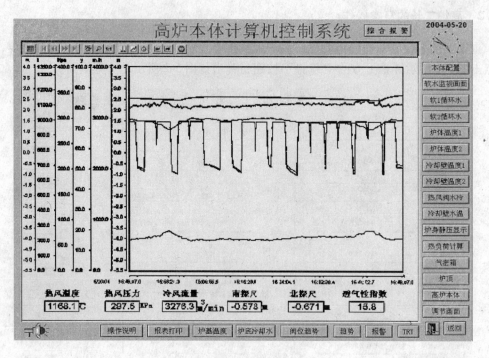

图 5-3　重要参数趋势画面

风量调剂到合适水平，稳定下料，达到要求的料速。

风量的调节可点击图 5-1 画面中 排风阀，将在如图 5-1 所示画面上，弹出排风阀操作画面，截图如图 5-4 所示。

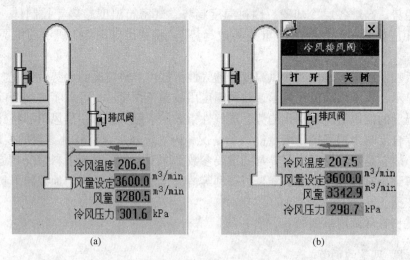

(a)　　　　　　　　　　　　　　　(b)

图 5-4　排风阀画面
(a) 点击前；(b) 点击后

点击打开按钮减风，点击关闭按钮加风，进行风量调节。

排风阀、冷风大闸、混风阀、炉顶压力调节阀的操作显示画面如图 5-5 所示。

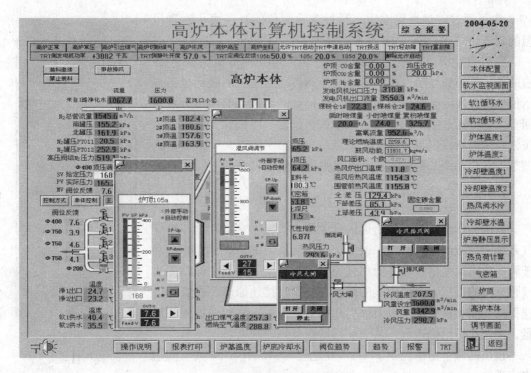

图 5-5　高炉本体操作显示画面

5.2.2.2　风温的调节

提高风温是增煤节焦降低生产成本的重要措施之一。在炉子能够接受、设备允许的条件下，应结合喷煤，将风温使用到热风炉能供应的最高水平。短时间的风温调节对调节炉缸温度、改善生铁质量、保证高炉顺行有很大作用。

风温的调节方法：

首先点击图 5-1 高炉本体画面中的冷风大闸，弹出冷风大闸手操器画面，如图 5-6 所示。点击打开按钮，这时打了开冷风大闸。然后点击图 5-1 画面"混风阀"按钮，弹出混风阀 PID 操作器画面，如图 5-5 所示，混风阀 PID 操作器画面截图如图 5-7 所示。通过控制混风阀开度进行风温调整。

操作器的使用方法与一般仪表手操器的使用方法基本相同：

（1）外部手/自动切换钮旁有两个指示灯，"外部手动"旁指示灯高亮显示，表示当前处于外部的手动状态，"自动控制"旁指示灯高亮显示，表示当前已切换到计算机系统自动控制。

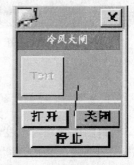

图 5-6　冷风大闸手操画面

（2）点击显示切换按钮 ，显示框 显示不同的值：红色显示表示风温测定值，绿色显示表示风温给定值。风温给定值的大小一般通过键盘设定。

（3）手动操作。当调节阀位对应给定值时，先点击手/自动切换按钮 。"H"旁的指示灯高亮显示，说明已经切换到内部手动状态，点击阀位给定值，每次点击增大或减小

5%，也可通过键盘直接输入，通过改变阀位的开度大小实现风温的调节。

（4）自动调节。再次点击内部的手/自动切换按钮，"A"旁边的指示灯高亮显示，说明已经切换到自动状态，用鼠标单击显示值框，出现闪烁字符输入光标，从键盘键入风温给定值，点击回车。也可通过给定值增大、减小按钮设定。用鼠标直接点击该按钮，风温给定值将会改变。每点一次，给定值增大或减小 5%，调节器将自动调节阀位，以达到风温的设定值。

图 5-7　混风阀 PID
操作器画面

5.2.2.3　高压操作

高压操作是强化高炉冶炼的有效技术措施。它是通过调整煤气系统中高压阀组的开度来改变炉顶煤气压力的，高压操作有利于降低炉内煤气流速和降低料柱煤气阻力损失，有利于抑制焦炭气化反应的进行，改善焦炭的强度和提高间接还原度。在煤气流速保持相同和料柱煤气阻力损失相同的条件下，有利增加入炉风量，加速高炉冶炼进程，从而获得增产节焦的效果。

顶压的调节是由控制 1 个 $\phi400$ 电动阀和 3 个 $\phi750$ 气动阀组来实现的。

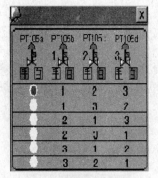

图 5-8　控制方式选择图

点击图 5-1 高炉本体画面上"控制方式"按钮，可弹出如图 5-8 所示画面，可选择其中某个阀为手动或自动调节，组成单体控制或是主从控制。单体控制就是选中其中某个阀为自动调节，其余各阀手动调节，炉顶压力由选中的自动调节阀来完成。主从控制就是选中两个或两个以上调节阀为自动调节，由它们共同完成炉顶压力的控制。阀位有主要调节阀和辅助调节阀之分，图 5-8 阀门下方的数字 1、2、3 表示调节阀动作顺序。当主阀全开或全关仍未能达到要求的顶压设定值时，辅助调节阀将打开或关闭，使顶压达到设定值。

顶压的手动调节可通过点击调节阀，弹出如图 5-9 所示画面进行调节。调节方法与混风阀的调节类似。

5.2.2.4　装料制度的调节

装料制度是通过改变炉料在炉喉截面分布来调整上升煤气流、改善煤气利用、稳定高炉进程的手段，装料制度与送风制度良好配合，既能保证顺行，又有利提高冶炼强度，最有效地利用煤气热能和化学能。装料制度包括布料方式、料批大小、料线高低。对这三个因素的调整组成了上部调剂的基本内容。

5.2.2.5　热制度及造渣制度

炉缸热制度和造渣制度既影响煤气流分布，又影响炉缸工作和生铁质量，对炉况顺行也起着重要作用。均匀稳定的炉温，适宜的炉渣碱度是根据冶炼条件、生铁品种的要求决

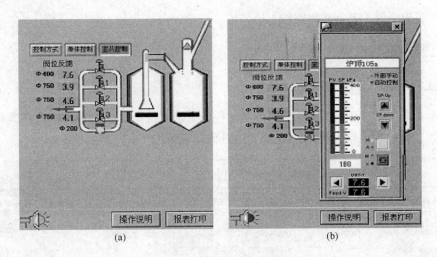

图 5-9 高压阀组操作画面

(a) 点击前；(b) 点击后

定的，并且还要考虑降低能耗。生铁含硅量的控制回路如图 5-10 所示。

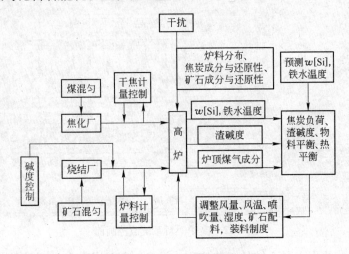

图 5-10 〔Si〕碱度控制回路图

从图 5-10 上可以看出生铁含硅量的控制应根据生铁品种、原燃料性能和质量、炉子状况、设备状况、操作管理水平等因素决定。

5.2.2.6 装料继续/禁止操作

高炉本体可直接对炉顶料罐进行紧急装料禁止操作。当高炉出现紧急情况时，值班工长可以在高炉本体画面里点击"装料禁止"按钮，此时弹出装料禁止按钮的操作框，如图 5-11 所示，点击此按钮"装料禁止"变为红色，表示禁止装料。情况解除时，同样方法操作"装料继续"按钮，"装

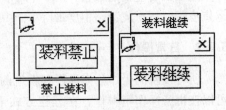

图 5-11 装料继续/禁止操作画面

料继续"变为绿色,表示装料继续。

5.3　上料系统的检测和控制

5.3.1　上料系统画面介绍

　　上料系统主要完成上料设备的操作及监控,上料系统监控画面有若干选择菜单,点击上料系统,将弹出上料系统操作画面,如图 5-12 所示。

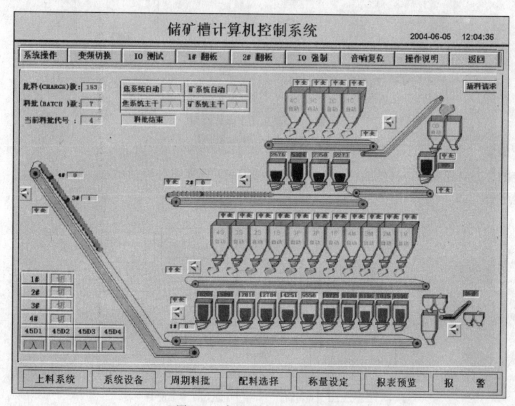

图 5-12　高炉上料系统监控画面

　　画面形象地描绘出上料系统的工艺流程,设备运行状况及各称量斗称量情况。上料系统工艺流程大致如下:焦炭仓(4 个)和矿石仓(11 个)中的焦炭和矿石经筛分后分别卸入对应的称量斗中,称量斗装满后,发出仓满信号,振动筛停止工作,卸料停止。称料斗内焦炭、矿石处于等待装料状态。上料时,下给料机打开闸板,按装料制度的设定,焦炭和矿石从称量斗顺序地均匀分布在长期运转的皮带机上送到炉顶。

　　主要设备包括焦炭仓、矿石仓、焦丁仓、上给料机(振动筛)、称量斗、下给料机、运焦皮带、运矿皮带、主皮带等。

5.3.2　日常操作

　　所有设备的操作分为远程和就地两种方式,且优先权在机旁。在就地方式下,设备只可以在机旁操作箱操作,在远程方式下,操作分为自动和手动两种方式,用鼠标点击设备,在弹出的操作框(如图 5-13 所示)上可选择手动或自动。选择自动时,所有设备的启停是由程序根据配料单来自动控制的，无需人为干涉。选择手动时，用鼠标点击操作框上的启动和停止按钮，可启停该设备。

图 5-13　上料设备操作框

上料系统监控画面下方的选择菜单分别有上料系统、系统设备、周期料、配料选择、称量设备、报表预览、报警等控制键，用鼠标点击相应控制键可切换到相应画面，进行操作。

5.4　炉顶系统检测控制与操作

5.4.1　炉顶检测系统简介

5.4.1.1　炉顶称量系统

炉顶称量系统由传感器、称量变送器、计算机系统组成，检测控制是通过现场设备传感器将检测到的 mV 信号送到变送器，变送器将 mV 信号转换成电流信号，输出给计算机 PLC 系统，计算机将信号进行处理，在画面显示或对设备进行联锁控制。

5.4.1.2　料位检测系统

在料罐装有 γ 射线闪烁料位计，主要由放射源及铅罐、探头、主机三大部分组成。检测控制是通过现场设备探头将检测到的信号送到主机，主机将信号进行处理，发出料罐内物料"空"或"满"的信号，来控制炉顶设备，结束向炉内布料过程或向料罐内装料过程。

5.4.1.3　炉顶设备位置检测控制

包括炉顶溜槽倾动、旋转的位置检测控制，料溜阀的开度检测控制，探尺探测料面的控制。

5.4.1.4　气密箱检测系统

包括检测气密箱水冷却回路和氮气密封系统压力、温度、流量及气密箱温度。

炉顶自动调节的各个调节系统都由信号输入、调节输出、阀位反馈、状态跟踪、硬手动操作、执行器、系统供电等组成。

5.4.2　炉顶计算机控制系统

炉顶计算机系统包括 CPU 柜、远程 I/O 柜和操作员站，是控制炉顶受料小车、料罐上密封阀、均压放散、均压阀、紧急放散阀、料流阀、料罐下密封阀、探尺、溜槽等设备，按照工艺要求完成各自相应动作，并对整个过程进行监控的计算机系统。

炉顶操作站主要完成炉顶设备操作和监控。点击炉顶监控操作可弹出炉顶系统监控画面，如图 5-14 所示。画面显示炉顶系统的工艺流程设备的运行状况。

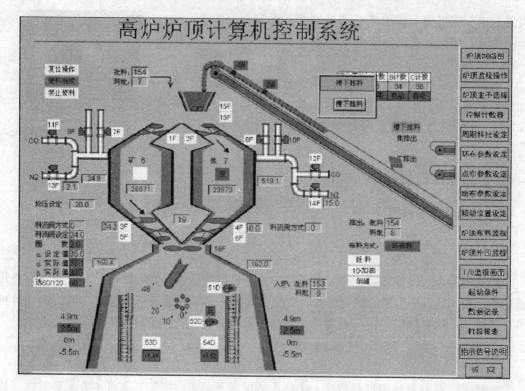

图 5-14　高炉炉顶系统监控画面

5.4.3　生产流程

5.4.3.1　装料流程

炉料经主皮带送至炉顶→移动受料小车准备接受炉料→开放散阀→开上密封阀→开小车闸门开始往罐内装料→通过料尾计检测炉料全部装完→关放散阀→关小车闸门→关上密封阀→开一次均压阀→等待布料。

5.4.3.2　布料的工艺流程

双尺到设定料线→提尺→放溜槽→开下密封阀→溜槽旋转→关一次均压阀→开料流调节阀→按设定角度大小放料→料罐放空→关料流阀→关下密封阀→停溜槽旋转→提溜槽→放探尺。

画面右侧有炉顶网络图、炉顶监视操作、炉顶主干选择、控制计数器、周期料批设定、环布参数设定、定点参数设定、扇布参数设定、倾动位置设定、炉顶布料监视、炉顶外圈监视、I/O监视画面、启动条件、数据记录、打印报表、指示信号说明等控制菜单，点击相应控制键，可切换到相应画面，进行操作。

5.5　热风炉及送风系统的检测和控制

对应于每座高炉，一般设3~4座热风炉和1座助燃风机房，正常情况下4座热风炉同时工作，采用两送两烧，交叉并联送风运行方式，风温使用较低或一座热风炉因故障停用时，可临时采用两烧一送的运行方式。

5.5.1 热风炉设备的操作和监控

热风炉控制系统主要完成热风炉设备的操作和监控，其操作画面如图 5-15 所示。

热风炉设备主要包括助燃空气阀、煤气阀、燃烧阀、支管煤气放散阀、冷风阀、充压阀、热风阀、烟道阀、废气阀等设备。

热风炉检测系统包括高炉煤气总管压力、温度，助燃空气总管压力、温度，冷风总管压力、温度，热风总管压力、温度，拱顶温度，混风温度，炉皮温度，烟气分析，助燃风机出口压力，高炉煤气支管流量，助燃空气支管流量等。

所有设备的操作分为远程和就地两种方式，在就地方式下，设备只可以在机旁操作箱操作。在远程方式下，分为屏幕自动和手动两种方式，用鼠标点击设备，在弹出的操作框上可选择手动自动操作。屏幕自动时，所有设备的启停是由程序自动控制的，无需人为干涉。屏幕手动时，用鼠标点击设备，弹出操作框，在操作框上操作，可启停该设备。

在画面上，设备的当前状态和故障由颜色来标示。

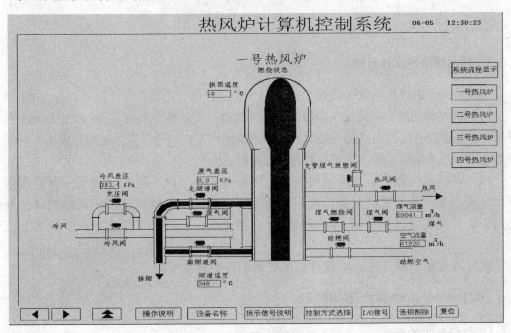

图 5-15　热风炉系统监控画面

5.5.2 热风炉 I/O 强制画面

热风炉 I/O 强制画面如图 5-16 所示。

强制画面标示出所有设备当前状态。可进行换炉联动、单炉自动、CRT 手动和故障复位操作。

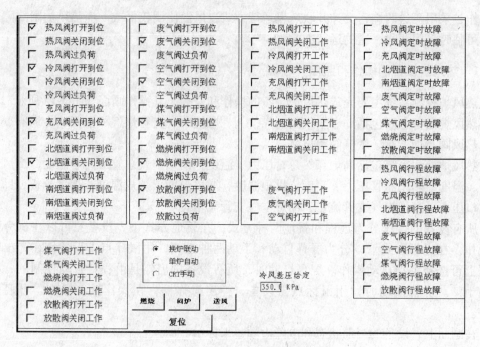

图 5-16　热风炉 I/O 强制画面

5.5.3　热风炉换炉操作步骤

热风炉换炉的操作步骤一般如下：

（1）燃烧转为送风：关煤气调节阀→关煤气阀→关助燃空气调节阀→关燃烧阀→关助燃阀→开支管放散阀及蒸汽阀→关烟道阀→通知值班工长→开冷风旁通阀（充压）待炉内压力充满→开热风阀、开冷风阀→关冷风旁通阀。

（2）送风转为燃烧：关冷风阀→关热风阀→开废气阀、待放净废气→开烟道阀→关废气阀→关支管放散阀及蒸汽阀→开助燃阀→开助燃空气调节阀→开燃烧阀→开煤气阀→少开助燃空气调节阀，正常情况下，不全关，留有一定间隙→调节煤气与空气配比。

在画面上按步骤点击，可进行热风炉手动换炉操作。

5.6　煤粉喷吹系统的检测和控制

5.6.1　煤粉喷吹的意义

用喷煤代替昂贵焦炭有很多优点，集中到一点就是降低吨铁燃料消耗，降低生铁成本，提高效益，高炉喷煤是高炉炼铁技术进步的合理选择，不仅在节焦和增产两方面同时获益，而且这种有机结合也成为一种不可缺少的高炉下部调剂手段。大力提高喷煤量成为炼铁工作者的共同目标。

高炉喷煤工艺流程主要包括原煤储运系统、干燥系统、制粉系统、喷吹系统。工艺流程如图 5-17 所示。

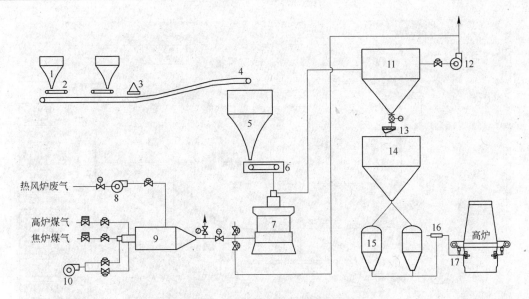

图 5-17　高炉喷吹煤粉工艺流程图

1—配煤槽；2—配煤皮带秤；3—电磁除铁器；4—带式输送机；5—原煤仓；6—给煤机；
7—磨煤机；8—烟气风机；9—干燥炉；10—助燃风机；11—布袋收粉器；12—主风机；
13—煤粉筛；14—煤粉仓；15—喷吹罐；16—分配器；17—喷枪

煤粉喷吹系统的工艺流程为：

（1）原煤储运系统。喷吹用煤由汽车或火车运至干煤棚，并在干煤棚分品种贮存，然后由桥式抓斗起重机抓取至配煤槽进行配煤，配好后再输送至制粉站原煤仓。

（2）干燥系统。热风炉烟气从热风炉烟气总烟道由引风机抽到干燥炉，与燃烧高炉煤气产生的高温烟气相混合送至磨煤机，对磨煤机产出的煤粉进行干燥。

（3）制粉系统。原煤仓内原煤通过给煤机进入磨煤机，干燥气体从磨煤机进气口进入磨煤机，原煤经磨机研磨后，煤粉气固两相流进入布袋收粉器，收集后的煤粉经煤粉筛筛除杂物后进入煤粉仓贮备，净化后的尾气经主风机排入大气。

（4）喷吹系统。煤粉仓煤粉下面设两台或三台带有称量装置的喷吹罐并列布置，一台喷吹罐喷吹时，另一罐准备，通过一根喷煤总管将煤粉送至分配器，由分配器把煤粉均匀地分配到高炉各风口。

5.6.2　喷煤系统的监控画面

高炉喷煤控制系统上位机主要有监控画面、控制方式、趋势画面、参数设定和测温测堵，在画面上用按钮可切换画面，喷煤系统监控画面如图 5-18 所示。

监视画面用于监视整个系统的数据、阀状态、每列系统的状态及正在进行的动作。需要观察各设备温度时，用鼠标左键点击按钮"温度值显示"，各设备旁显示其温度值，不需要观察时，用鼠标点击此按钮，设备旁温度显示消失，当任何一个温度报警时，此按钮变红色闪烁，提醒操作人员采取控制措施。图中每个数据均有注释，说明其意义，需要时用鼠标左键点击"过程值注释"按钮则可显示，不需要时，用鼠标右键点击此按钮。每个数据报警时均设有红色闪烁以示提醒。

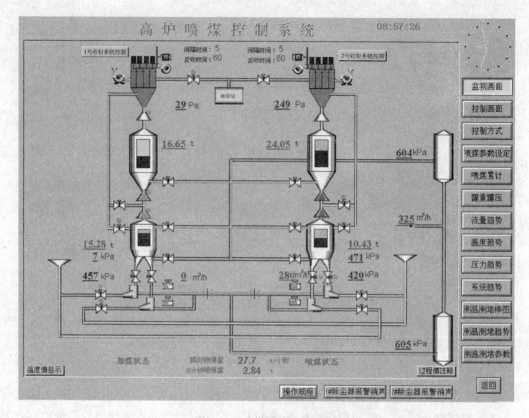

图 5-18 喷煤系统监控画面

各阀状态均有不同表示形式以区分其状态。阀门"⬖◨⬗"变为绿色表示开到位；阀门"⬖◨⬗"变为红色表示关到位；阀门"⬖◨⬗"变为黄色表示动作过程或故障。"▭"为调节阀；带有红色的阀门"▭"显示为关；带有绿色的阀门"▭"显示为开，带有黄色的阀门"▭"显示为故障。喷煤时，每条管路以颜色表示那条管路通，绿色表示正在喷煤，浅蓝色闪烁表示管路有气无煤。

5.6.3 喷煤设备的操作和控制

用鼠标点击图 5-18 中的"控制方式"按钮，弹出如图 5-19 喷煤系统控制方式画面，在控制方式画面可观察到各设备所处的状态，画面上相应的灯变绿，表示开到位，画面上相应的灯变红表示关到位。

输煤、倒罐、喷吹系统操作分为手动、自动、全自动三种操作方式。为了操作安全，每步操作按工艺要求设置了联锁。手动时，在联锁条件下，阀要按工艺要求操作，如果操作错误，系统将弹出错误提示。强制条件下，手动解除联锁，阀之间解除联锁关系。自动时，每列系统各自独立控制，根据操作人员的指令作出相应自动命令，倒罐操作需要人员按指令执行。全自动时，每列罐自动倒罐，不需要人员操作。在半自动下，可对各系统进行单独操作。

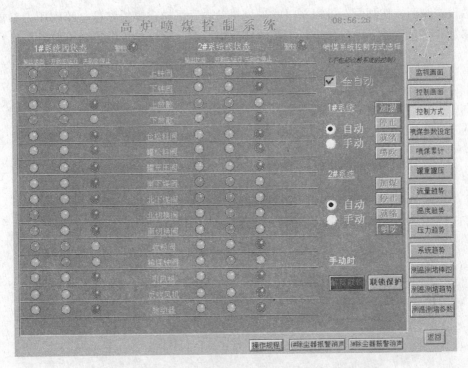

图 5-19 喷煤系统控制方式画面

5.6.3.1 收粉系统控制

用鼠标左键点击按钮"1#收粉系统控制"或"2#收粉系统控制",弹出控制框,如图 5-20 所示,可以在选择自动时控制收粉系统的加煤、停止、就绪、喷吹操作。

5.6.3.2 设备的控制(系统"手动"状态时有效)

用鼠标点击要控制的设备,画面上弹出如图 5-21 所示控制框,操作时鼠标点击"启动"或"停止"按钮,操作完毕后点击控制框的关闭按钮"⊠"。

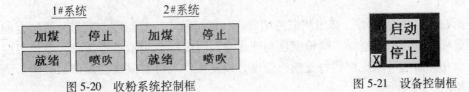

图 5-20 收粉系统控制框   图 5-21 设备控制框

5.6.3.3 阀的控制(系统"手动"状态时有效)

鼠标选中阀以后,可以在弹出的操作框 启动 停止 中进行阀位开关操作。

5.6.4 喷煤参数设定

参数设定用于喷吹罐重量及压力的设定。点击画面右侧"喷煤参数设定"按钮弹出喷煤参数设定画面，在画面上可以对喷吹罐煤粉参数、煤粉仓煤粉参数、喷吹压力参数、除尘器参数、气包压力下限参数进行参数的修改与设定。喷煤参数设定画面如图 5-22 所示。

图 5-22　喷煤参数设定画面

5.6.4.1　喷煤累计画面

点击画面右侧"喷煤累计"弹出喷煤累计画面，在画面上可以观察到每小时喷煤量、瞬时喷煤量、日累计喷煤量，以便操作人员对喷煤速度进行调剂。喷煤累计画面如图 5-23 所示。

5.6.4.2　测温测堵画面

点击画面右侧"测温测堵"弹出测温测堵画面，通过每支喷枪温度与喷煤总管温度的对比，来判定喷枪是否正常喷煤。喷枪温度与喷煤总管温度接近表示喷煤正常，喷枪温度低表示堵枪，在画面上可以观察到每支喷枪温度，以便操作人员对停煤喷煤即时处理。测温测堵画面如图 5-24 所示。

5.6.4.3　喷吹煤粉技术操作步骤

喷吹煤粉的技术操作步骤为：

（1）喷吹前先打开空气大闸，确认空气压力达到要求，各阀门开关到位。

（2）开逆止旋塞阀。

（3）开安全阀，通知喷枪工打开输煤管上球阀，打开喷枪截止阀，通气后将喷枪插入吹管。

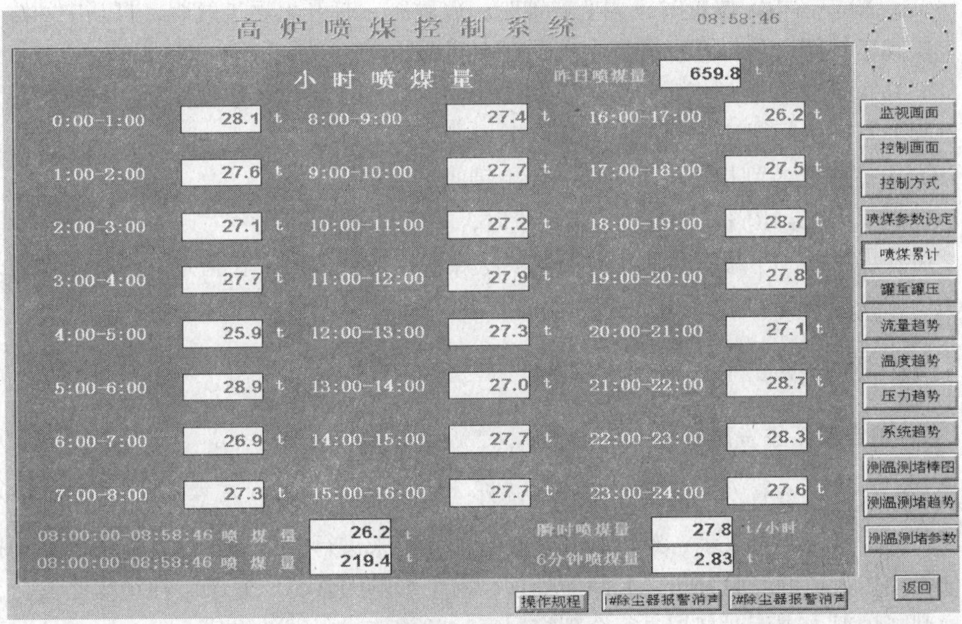

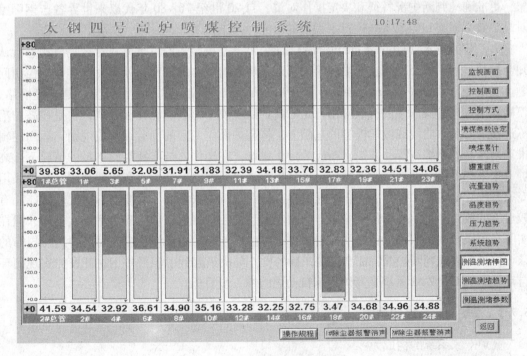

图 5-23 喷煤累计画面

图 5-24 测温测堵画面

（4）打开上罐放散。

（5）打开上罐钟阀。

（6）打开电动输煤球阀。

（7）煤粉袋在指定位置时，关上罐钟阀、放散阀，打开上罐进气阀，打开中间罐、放散阀、蝶阀、钟阀，再打开上罐流化阀，向中间罐装煤。

（8）中间罐煤粉装到指定位置时，关闭中间罐蝶阀、钟阀、放散阀后，打开下罐放散阀、钟阀，打开中间罐流化阀，向下罐装煤。

（9）下罐煤粉装到指定位置时，关闭下钟阀、放散阀。

（10）开下罐充压阀，压力达到指定量时，关充压阀。

然后开煤粉阀和下罐流化阀，向高炉喷吹煤粉，按照值班工长指定的喷吹量调整煤粉给料器以调整喷吹煤粉量。

5.7　高炉专家系统简介

5.7.1　高炉专家系统发展概述

高炉冶炼进行着复杂的冶金物理化学变化，高炉操作状况易受多种参数变化的影响，有难以预测、难以定量表示、难以和其他参数独立出来进行分析等特性。传统的高炉操作主要依赖操作人员的经验分析、判断、处理，由于影响因素错综复杂，往往操作人员很难准确地判断炉况，进而对高炉进行合理控制，这常常造成不同的操作人员对同一炉况可能有不同的判断处理。为了对炉况有较正确的判断，帮助操作人员更深刻地理解高炉冶炼现象，更准确地判断炉况特征和决定操作对策，自20世纪70~80年代以来世界各产钢国家对高炉数学模型和专家系统进行了大量的研究开发工作。

人工智能技术（artifical inteligence）简称AI，是模拟人的思维方式对客观事物进行认知与控制，运用神经网络、模糊理论去辨识客观事物隐含的规律、处理复杂过程的控制问题。高炉专家系统（expert system）简称ES，是人工智能技术的一个分支，是神经网络、模糊理论在高炉操作中的有效应用，是对高炉数学模型的重要补充和发展，它是在高炉冶炼过程主要参数曲线或数学模型的基础上，将高炉操作专家的经验编写成规则，运用逻辑推理判断高炉冶炼进程，并提出相应的操作建议，在操作人员实践经验不足的情况下，高炉专家系统可以帮助他们改善操作，提高生产效率。国内外高炉生产实践表明，高炉采用专家系统对稳定高炉操作、防止炉况失常，特别是减少铁水成分的波动和降低炼铁能耗有较显著的效果。目前尽管各个国家开发的专家系统各有特色，功能和水平层次不同，但在实际高炉操作中都取得了良好的使用效果，对稳定各班间的操作、提高对高炉运行规律的认识、更准确地判断炉况特征和采取正确的操作与决策起到了积极作用。开发能实现闭环自动控制的ES或AI系统是高炉冶炼自动化的进一步目标。

5.7.2　高炉专家系统的构成

高炉专家系统的构成为：

（1）在原有的高炉计算机监控系统中配备专用的计算机。

（2）数据的采集与处理在原有的高炉计算机监控系统上完成。

（3）专家系统是由若干数学模型和专家知识库推理过程组成的计算机智能控制系统。

专家系统按照功能可将计算机系统分为四级。第一级由可靠而精确的仪表、传感器及其控制设备组成，它是实现自动控制系统稳定运行的前提。第二级为基本自动控制系统

（BAS），由集散控制系统（DCS）和可编程逻辑控制器（PLC）组成。由一级和二级组成的基础自动化系统，是过程操作的重要工具，它自动地控制高炉过程的基本功能并采集过程数据。处于第三级的高炉监控系统是在若干工艺模型的帮助下，提炼工艺实时数据。通过显示趋势线或报告，向操作者、工长、工程师、高炉管理者及研究人员显示相关信息，以便制定决策，强化工艺的优化。第四级为工作数据系统，是由多台计算机（即工厂的主框架计算机）构成，它们用于做生产计划、规划和管理报告。

通过连接基础自动化系统，高炉监控系统可实时组织并提炼工艺数据，进行数据处理和过程分析。将过程参数变化趋势显示和报告功能结合起来，可准确了解过程状况及其变化趋势。通过处理繁多的原始数据，监控系统可用通俗易懂的条目给炼铁工作者解释高炉过程的现状。监控系统并不直接实施过程控制任务，控制任务通常由基础自动化系统完成。

复习思考题

5-1 熟悉高炉本体画面（如图 5-1 所示），简述画面所展示的工艺流程。

5-2 重要工艺参数的趋势变化，对高炉工长正确判断高炉进程及相应调剂非常重要，试问弹出重要参数趋势画面（如图 5-3 所示），要进行哪些操作？

5-3 分别叙述高炉炼铁生产中，风量、风温控制的操作方法。

5-4 试结合画面叙述高压操作的方法。

5-5 结合图 5-14 高炉炉顶系统监控画面，试叙述装料流程和布料流程。

5-6 如图 5-15 所示热风炉系统监控画面，试按热风炉换炉操作步骤，在画面上进行热风炉（燃烧转送风或送风转燃烧）手动换炉操作。

炼钢生产监控画面与操作

6.1 转炉炼钢生产监控画面与操作

氧气转炉炼钢在当前世界上的各种炼钢方法中居主导地位，其主要原料是铁水和废钢，我国大多数转炉钢厂的铁水配比为 75%～90%。氧气转炉主要工艺目的包括脱碳、升温、去除杂质（硫和磷）、脱氧和合金化。

我国大部分钢厂都采用 SIEMENS 系列的 PLC 来控制炼钢生产过程，用组态软件 WinCC 或 InTouch 来检测炼钢生产过程。其中炼钢系统大体可分为三大部分，即转炉系统、汽包系统和风机系统。在每一部分都设有单独的控制系统，它们之间通过 Ethernet 网或 Profibus 网进行数据通讯，以保证联锁，同时在调度室能看到全厂的生产情况。下面以我国某厂为例加以说明。

6.1.1 氧枪系统检测、控制与操作

氧枪系统是炼钢吹炼系统的主要部分。

6.1.1.1 氧枪操作站的控制画面

氧枪操作站的控制画面如图 6-1 所示。

（1）氧枪操作。用鼠标左键单击氧枪枪身将弹出氧枪操作框，如图 6-2 所示，在操作框中用鼠标左键单击所需按钮即可。B 点值可自行设定，输入数字后必须按键盘上 Enter 键确认。氧枪左侧有慢上、停止、慢下三个按钮可操作。

（2）"吹氮开始"按钮。在需要吹氮的情况下，按下"吹氮开始"按钮，自动下枪到 10m 开氮阀，枪下到 B 点停止。

（3）"吹氮结束"按钮。需要结束时，按下"吹氮结束"按钮，自动提枪到 10m 以上关闭氮阀，在 13.5m 停止提枪。

（4）出钢。吹炼完毕后，应按下"出钢"按钮。

（5）兑铁。准备吹炼前应按下"兑铁"按钮，风机升速，清有关累计值。

（6）汽包和风机故障指示灯。用来指示汽包和风机是否有故障。红色：故障；绿色：正常。

6.1.1.2 强迫画面

强迫操作画面如图 6-3 所示。

在特殊情况下，如氧枪在位信号、炉正信号等信号不能正确返回，限于多种原因（如安全原因），维护人员不能及时处理时，可在确认外围设备正常，并经领导同意的情况下，在画面上对此信号进行强迫，以使生产继续进行。

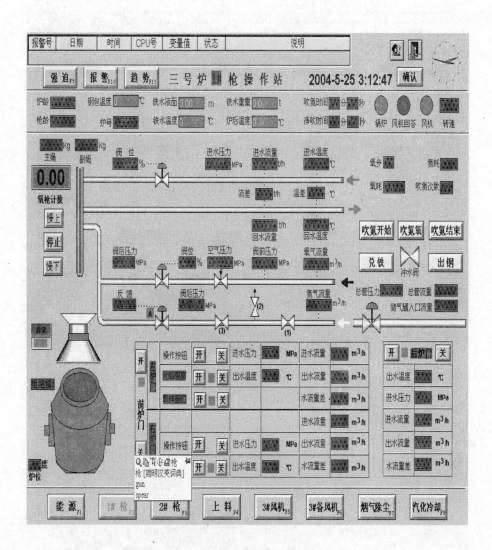

图 6-1 氧枪操作站画面

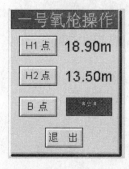

图 6-2 氧枪操作框

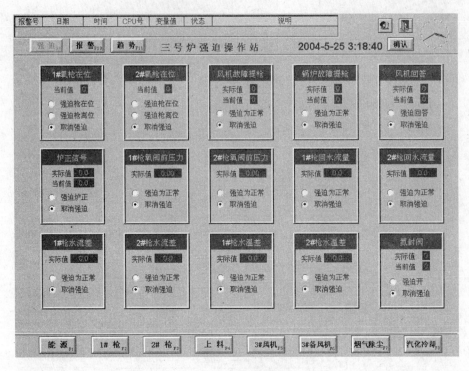

图 6-3 强迫画面

6.1.2 汽化冷却系统的检测与控制

汽化冷却画面如图 6-4 所示。

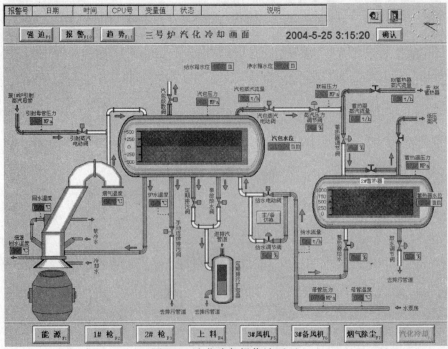

图 6-4 汽化冷却操作站画面

汽化冷却的作用是使氧枪中的水和蒸汽自然循环到汽包中，水自然冷却，蒸汽送到别处以便利用，同时往汽包中上水，以保证汽包中水位正常。其主要控制有：待汽包中压力达到上限时，往外输送蒸汽，压力达到下限时，蒸汽输送停止；根据汽包水位和送出的蒸汽量来调节给水量，以保证汽包水位始终保持在一定范围内。

6.1.3 煤气回收系统的检测与控制

煤气回收系统一般是根据煤气含量来决定是回收还是排放，所以在回收系统设有一氧化碳自动分析装置。为了保证回收系统安全可靠，还设有氧气分析仪。

如图 6-5 所示，当右下角的条件都满足时，用鼠标左键点击"开始回收"按钮，煤气回收开始，若想终止回收，用鼠标左键点击"结束回收"按钮，煤气回收结束。当回收过程中有条件不满足时，计算机自动控制停止回收。

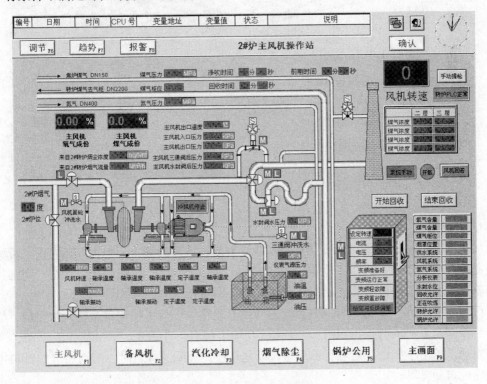

图 6-5 风机操作站画面

6.1.4 原料系统的检测与控制

转炉上料操作站主要包括 8 个高位料仓、8 个挡料闸板、6 个称量料斗、6 个排料电机、氧枪操作部分、氧调节阀开关和氧枪部分模拟量显示等，上料操作站画面如图 6-6 所示。

（1）高位料仓。高位料仓的名称可随时改动，将鼠标指针移动到料仓名称处，当鼠标指针变为 I 字形时单击鼠标左键，高位料仓名称会弹出一个下拉列表，选择需要的名称，用鼠标双击该名称或按下键盘 Enter 键即可。

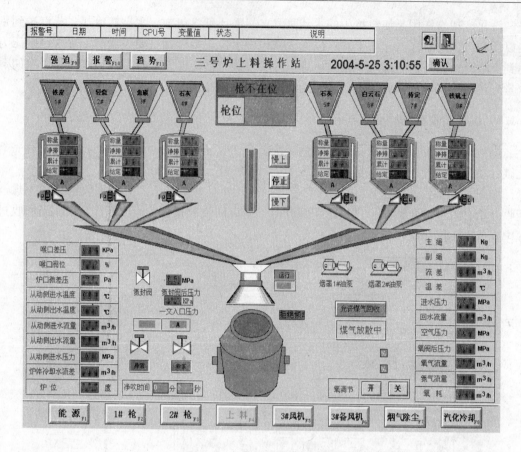

图 6-6   上料系统操作站画面

（2）装料闸板。将鼠标移动到高位料斗下方的长方形闸板上，单击鼠标左键，可弹出闸板操作框，如图 6-7 所示，可根据需要对闸板进行操作。若闸板为开启状态，则闸板的左半部分消失，若闸板为关闭状态，则闸板的右半部分消失。

（3）称量料斗。将鼠标移动到称量料斗的给定输入框就可使用键盘输入给定值，输入完毕后按键盘上 Enter 键进行确认。在称量仓中下部有一小方框，"M" 代表手动；"A" 代表自动，单击小方框，则可在手动与自动间切换，显示 "A" 时，启动相应的排料电机便能完成自动排料。

（4）排料电机。用鼠标左键单击排料电机可弹出排料操作框，如图 6-8 所示，然后进行选择即可。

图 6-7   闸板操作框

图 6-8   排料操作框

6.2 炉外精炼监控画面与操作

6.2.1 RH 法监控画面与操作

RH 法设备操作主要包括真空系统、氧枪控制系统和合金系统。

6.2.1.1 真空系统监控画面与操作

A 真空系统监控画面

图6-9为真空系统画面。图中"R RH"、"A 合金"、"T 趋势"、"C 控制"、"L 报警"为五个快捷控制键，用鼠标双击快捷控制键，可以切换到该画面，也可以直接在键盘上输入以上五个快捷控制键前面的大写字母 R、A、T、C、L，来切换相应画面。"Logon"和"Logoff"为系统进、出口令键。🖨 为打印屏幕键，"ACK"为确认报警键，⚪⚪⚫ 为系统网络显示。

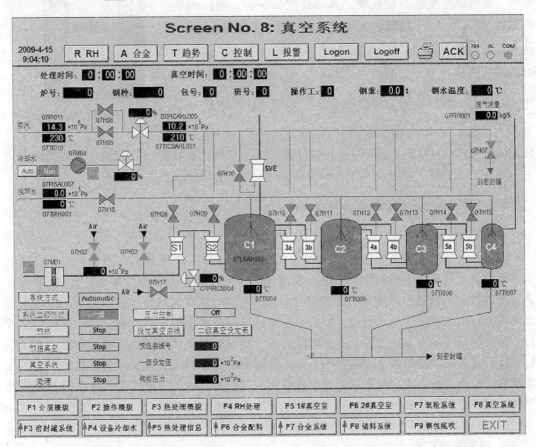

图6-9 真空系统监控画面

"处理时间"表示钢水处理总时间，"真空时间"表示真空下处理的时间。本炉钢的基本信息包括炉号、钢种、包号、班号、操作工、钢重和钢水温度。画面中央（C1）、（C2）、（C3）、（C4）分别是蒸汽冷凝器。（SVE）是启动泵；（S1）、（S2）是一、二级增压泵；（3a）、（3b），（4a）、（4b）和（5a）、（5b）分别是三、四、五级普泵的主泵和辅泵。最下方两行是系统若干快捷控制键，只要用鼠标点击快捷控制键就可以切换该系统画面，或在键盘上按快捷控制键代表的功能键来切换系统画面，进行监控和操作。

B　真空系统日常操作

点击图 6-9 画面左侧下方"处理"，弹出对话框如图 6-10 所示，再点击"开始"键，画面中左侧中部主真空阀（07M01）由 ▮▮ 转变为 ▬▬ ，画面左侧下方"真空系统"和"处理"的信号显示，由"Stop"变为"Running"，即表示真空系统启动，真空泵的开启顺序按照"预选曲线号"的设定进行。根据冶金效果不同，可以在画面下部 预选曲线号 ▮▮▮▮ 0 蓝色框内用键盘输入数字，系统自动调节实现目标真空度，也可以点击"压力控制"键选择"On"，在画面下部 一级设定值 ▮▮▮▮ 0 ×10²Pa 蓝色框内用键盘输入要控制的真空度值，实现真空度的自动控制。真空处理结束前，确认画面下部 阀前压力 ▮▮▮▮ 0 ×10²Pa 黑色框内数值小于 65×10² Pa，即可以点击如图 6-9 所示画面上的"处理"键，弹出对话框如图 6-10 所示，再点击"结束"键，画面上主真空阀（07M01）显示为 ▮▮ ，"真空系统"和"处理"的信号显示为"Stop"，真空泵的蒸汽阀门相继关闭，主真空阀右

图 6-10　"RH 处理"对话框

边的破空阀（07H02）、（07H03）相继打开，吸入空气，真空罐内恢复大气压，画面右侧上方通往"密封罐"的水封阀（07H07）也将打开，即表示真空系统结束。

6.2.1.2　氧枪系统监控画面与操作

A　氧枪系统画面

在键盘上按功能键 F7，切换到氧枪系统画面，如图 6-11 所示。在图中央的上方是氧枪，枪位就是顶枪与罐底间距离，显示在罐体上。图左侧上方氧枪冷却水"MCW 系统方式"有两种：一种是自动方式，主要检测内容从左到右依次为冷却水进水流量、冷却水进出流量差、出水流量、出水温度。如果哪项指标不符合系统给定值，就会自动提枪到事故位；另一种是手动方式，主要是在故障状态下，给氧枪系统供水，并远程调节以上 4 项指标，使其符合系统给定值。图右侧中上方是供氧枪的气体：氧气、天然气、氮气，它们依次从右向左通过压力表、流量表、比例调节阀、切断阀后进入氧枪，根据工艺的不同选择气体。图下方右侧是氧枪的功能键"强制脱碳"和"化学升温"。

B　氧枪日常操作

a　氧枪烘烤作业

（1）首先点击确认键"ACK"，观察氧枪是否通过氧气和天然气高、低压力系统检测，如果出现报警，应点击氧枪驱动方式"顶枪枢动方式"键，弹出对话框如图 6-12 所示，点击"手动"，再点击画面上 ▼ 键，系统联锁自动打开反吹氮气（13H06）和氧枪密封胎（13H05），氧枪开始下降，大约下降 500mm 后，点击"Stop"键，氧枪停止，再点击画面上 ▲ 键，氧枪开始上升，然后点击氧枪驱动方式"顶枪驱动方式"键，弹出对

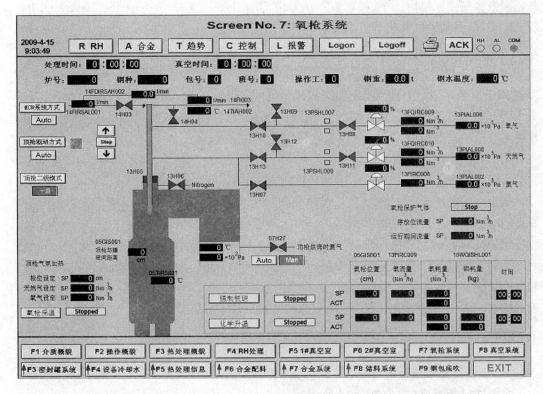

图 6-11 氧枪系统画面

话框如图 6-12 所示，点击"自动"，氧枪上升到停枪位后，自动停止，由于系统联锁自动关闭反吹氮气（13H06）和氧枪密封胎（13H05），同时打开氧枪保护气体氮气，系统开始自动检测氧气和天然气管道的气密性，大约 2min 后，氧枪自动检测通过。

（2）枪位在 枪位设定 SP ◼◼◼◼ 0 cm 蓝色框内给入，范围 450～650cm。天然气设定在 天然气设定 SP ◼◼◼ 0 Nm³/h 蓝色框内给入，范围 60~200m³/h，根据生产工艺需要给定数值。

（3）点击画面左下方氧枪保温键"氧枪保温"，弹出对话框如图 6-13 所示，点击"启动"，同时画面上"氧枪保温"信号由"Stopped"变为"Running"，表示点火成功，开始烘烤真空罐体。

图 6-12 "氧枪系统"对话框 1

图 6-13 "氧枪系统"对话框 2

（4）停止氧枪烘烤罐体时，用鼠标点击"氧枪保温"键，弹出对话框如图 6-13 所示，点击"停止"，"氧枪保温"信号由"Running"变为"finished"，表示氧枪自动关气灭火，开始提枪，到停枪位后，"氧枪保温"信号由"finished"变为"Stopped"，即灭火成功。

b　氧枪强制脱碳和化学升温作业

（1）点击确认键"ACK"，确认氧枪系统正常。

（2）确认如图6-9所示画面中真空罐内压力 阀前压力 $\boxed{0}$ ×10^{2}Pa 在（80~100）×10^2 Pa之间，且通过工业电视观察真空罐内化学反应良好。

（3）根据工艺要求，在如图6-11所示画面中"强制脱碳"吹氧一栏的蓝色框内用键盘给入氧枪位置设定值、氧流量设定值和耗氧量设定值。

化学升温加铝量按铝氧化学反应公式进行计算后，在"化学升温"一栏铝耗量蓝色框内给入设定值。

满足以上条件后点击画面上"强制脱碳"键，氧枪开始下降，到吹氧位后，开始吹氧，同时画面上"强制脱碳"信号由"Stopped"变为"Running"。点击画面上"化学升温"键，同时画面上"化学升温"信号由"Stopped"变为"Running"。

强制吹氧脱碳和化学升温完毕后，信号由"Running"变为"finished"，表示氧枪吹氧完毕开始上升，到停枪位后，信号由"finished"变为"Stopped"，大约2min后，点击确认键"ACK"，观察氧枪是否检测通过，以方便下次使用。

6.2.1.3　合金系统监控画面与操作

A　合金储料系统画面

合金储料系统画面，如图6-14所示。

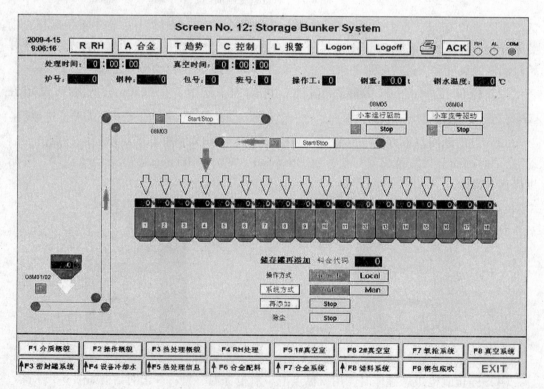

图6-14　合金储料系统画面

上料过程是由自卸汽车将运来的铁合金卸入低位受料仓，经过仓下的电机振动给料器将铁合金送到垂直皮带运输机上，垂直皮带运输机将铁合金垂直提升到料仓平台上的可逆皮带输送机上，可逆皮带输送机在18个限位开关的控制下，分别将铁合金送到各自的料仓内。

主要设备有：低位料仓和振动给料器、垂直皮带输送机、可逆配仓带式输送机、2号皮带运输电机、数码料位检测仪器等。

a 合金上料日常操作

（1）在键盘上按功能键"shift"+"F6"，将弹出如图6-14所示画面。点击确认键"ACK"，确认料仓上料系统，如果有报警，该设备显示由"R"变为"L"，表示故障等待处理。

（2）在画面中部下方料仓代码一栏蓝色框内用键盘给入所要加料的仓号（1~18）。

（3）确认操作方式选在远控"Remote"。

（4）点击"系统方式"键，弹出对话框，如图6-15所示，选择上料系统"自动"，"系统方式"信号"Auto"亮。

（5）用鼠标点击"再添加"键，弹出对话框，如图6-16所示，点击"启动"键，信号由"Stop"变为"Running"表示上料系统启动，皮带信号也由灰色变为绿色，由于与除尘系统构成联锁，除尘信号也由"Stop"变为"Running"。等低位料仓内料的重量显示为0kg时或高位料仓数码料位仪显示上限位报警时，上料系统将自动停止，同时"再添加"信号也由"Running"变为"Stop"，除尘信号也由"Running"变为"Stop"。

b 合金上料手动操作

（1）点击"系统方式"键，弹出对话框，如图6-15所示，选择上料系统"手动"，旁边信号"Man"亮，表示可以手动操作。

图6-15 上料系统对话框1

图6-16 上料系统对话框2

（2）双击高位料仓小车（08M05）"小车运行驱动"键，小车信号由"Stop"变为"Running"，同时在料仓代码一栏蓝色框内用键盘给入所要加料的仓号，小车将自动对准该料仓。

（3）双击皮带（08M04）"小车皮带驱动"键，皮带信号由"Stop"变为"Running"，再双击" "，皮带（08M04）启动。

（4）双击皮带（08M03） 键，并显示绿色，表示皮带（08M03）启动。

（5）双击振动给料器（08M01/02） 键，并显示绿色，表示振动给料器（08M01/02）启动。这样低位料仓内料将源源不断地送入高位料仓。

（6）确认已经上料完毕，点击"系统方式"，弹出对话框，如图6-15所示，选择上料系统"自动"，旁边信号"Auto"亮，上料系统将自动停止。

B　合金配料

a　合金配料画面

在键盘上按"Shift"＋"F6"键可切换到合金配料画面，如图6-17所示。从图上可以看出右侧有20个合金代码，分别对应20个ID号码，手动可输入合金名称，其中代码19是补铝，它代表的是大气压下自动补铝系统，第20个代码99，代表合金中断，它代表此仓在没有料的情况下，可以换仓操作。系统还设有"设定配方"一栏，可以选择混合加料。图中"接受配方"一栏下方，设有混合加、代码、设定值、实际重量、正在称量、称量结束、正在加入、加入结束等显示窗口。

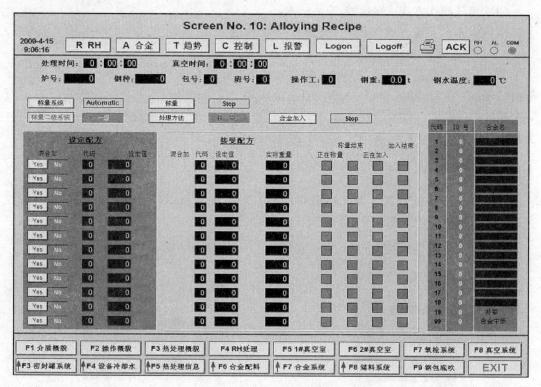

图6-17　合金配料画面

b　合金配料操作

（1）在设定配方一栏混合加的项目下，用鼠标点击"Yes"键，则信号由 Yes No 变为 Yes No ，表示要与下面的料混合加入，如果不点击"Yes"键，则表示此料要单独加入。需要几种料混合加入，就依次点击几个"Yes"键。

（2）在 Yes No 后面的代码和设定值，用键盘分别在蓝色框内给入料仓号码和料的重量。

（3）点击"称量系统"键，在对话框内选择"自动"，旁边信号显示为"Automatic"。

（4）点击"处理方法"键，在对话框内选择"清零"，在"接受配方"一栏下所有过去记录将被清除。再点击"处理方法"键，在对话框内选择"接受"，在"接受配方"

一栏，"混合加"下将出现对应的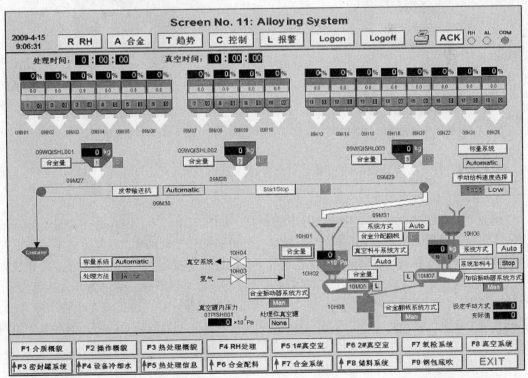，代码和设定值下黑色框内将分别自动附入料仓号码和料的重量。

（5）点击"称量"键，在对话框内选择"启动"，旁边信号显示为"Running"，表示称量开始。在"接受配方"一栏，实际重量下对应的黑色框内显示料的重量，正在称量时信号由■变为□（绿色），当称量结束后，信号由□（绿色）变为■。

（6）合金化时，点击"合金加入"键，在对话框内选择"启动"，旁边信号显示为"Running"，表示合金化开始。在接受配方一栏，正在加入时信号由■变为□（绿色），当加入结束后，信号由□（绿色）变为■。在接受配方一栏可以监视合金称量过程和加入过程。

C　真空状态合金化

RH 法合金加料需要在真空状态下进行。合金加料需在合金系统画面上进行。

a　合金系统画面

在键盘上按"shift"＋"F7"切换到合金系统画面，如图 6-18 所示。从画面上可以看出此系统有 18 个高位料仓，1~6 号为中型料仓，7~10 号为大型料仓，11~18 号为小型料仓。下面分别配有 3 台称料系统：1 号秤（09WQISHL001）量程为小于 1000kg、2 号秤（09WQISHL002）量程为小于 2500kg、3 号秤（09WQISHL003）量程为小于 500kg。高位料仓内的料经振动给料器振动，进入称量系统料斗，称料完毕后，通过 3 号可逆皮带运输机（09M30），进入真空合金料仓，然后根据炼钢工艺要求，在振动给料器（10M05）的振动下，通过下料管和合金溜槽进入钢水，实现合金化。另外还有一套自动补铝系统，只要真空铝料仓内铝的总重小于总容积量的 1/3，就可以在大气状态下完成自动补铝作业。

图 6-18　合金系统画面

　　b　真空状态下合金化步骤

　　（1）确认合金进入真空合金料斗，点击图 6-18 画面"真空料斗系统方式"键，弹出如图 6-19 所示对话框，点击"手动"，下面信号"Auto"变为"Man"，再双击"合金量"，弹出合金菜单，逐条确认合金种类和数量后，点击合金菜单，合金菜单将自动关闭。

　　（2）点击（10H01），弹出对话框，画面如图 6-20 所示，点"关闭"键，（10H01）信号将由上限位转到下限位，表示关闭。

　　（3）点击（10H04），弹出对话框，画面如图 6-20 所示，点"打开"键，阀门由 ⊠ 变为 ▷◁ ，表示抽气作业开始，等真空合金料斗内压力表显示小于 200×10^2 Pa 时，（10H04）将自动关闭。

　　（4）点击（10H02），弹出对话框，画面如图 6-20 所示，点"打开"键，（10H02）信号将由下限位转为上限位，表示打开。同时点击合金翻板（10H08）弹出对话框，画面如图 6-20 所示，点"打开"键，（10H08）信号将由 ▉ 状态变为 ▌状态表示打开。

　　（5）双击振动给料器（10M05）旁边 ◣ 键，信号将由白色变为绿色，表示振动给料器启动，这样合金通过下料溜槽加入到钢水中，实现合金化。

　　通过工业电视监控合金加入过程，等合金加完后，停止振动给料器（10M05），关闭合金翻板（10H08），将真空料斗系统方式改为自动，（10H02）将自动转到下限位，（10H03）阀将自动打开，充入氮气，等真空合金料斗内压力表显示 900×10^2 Pa 时，（10H03）阀将自动关闭，（10H01）自动转到上限位，系统设备恢复到正常状态。

图 6-19　合金系统对话框 1

图 6-20　合金系统对话框 2

6.2.1.4　RH 处理监控画面与操作

　　A　RH 状态画面

　　键盘上按功能键"F4"，切换到 RH 状态画面，如图 6-21 所示。图 6-21 中提升气体系统"No. 2"，表示 2 号真空罐在处理位。"系统方式"分自动和手动两种。供气方式中"预选气体"的种类有氮气和氩气，根据钢种工艺选择。其流量设定在蓝色框内给定。在线提升气体的气源有氩气和氮气，只要观察压力表后阀体的颜色，就可以判断，绿色为开，灰色为关。然后一分为三，通过调节阀后，使其每支小管流量基本保持一样，最后每支小管一分为二，总共 6 支小管通过软管连接，供入上升管，作为提升气体。测温取样系统中，钢水温度和钢水氧含量数值由测温表和定氧表传入。钢包车位置有：接钢位、处理位和交钢位。

　　B　RH 处理操作

　　点击如图 6-21 所示画面上部"R RH"键，切换到 RH 处理画面，如图 6-22 所示。下

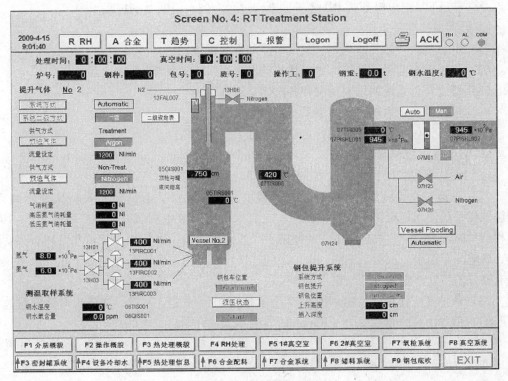

图 6-21 RH 状态画面

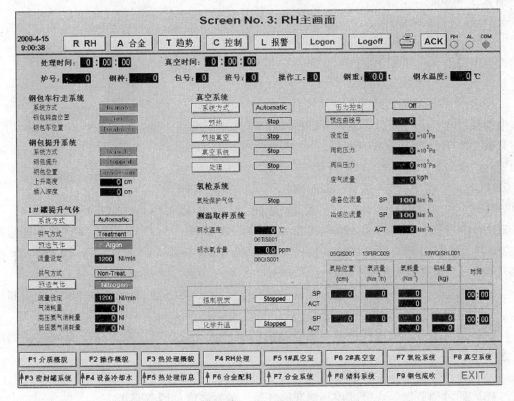

图 6-22 RH 处理画面

面以处理容量 80t 钢包提升式 RH 装置的操作过程为例，说明处理过程。

　　a　处理前的准备工作

　　(1) 电、蒸汽、氮气、氩气、氧气、冷却水的供应。

　　(2) 停止对真空罐的烘烤，并确认氧枪系统通过压力检测。

　　(3) 检查合金系统的用料情况和各阀体是否到位。

　　(4) 检查测温表系统，定氧表系统是否正常。

　　(5) 检查钢包车系统限位和行走是否正常。

　　b　钢水进站处理前工作

　　(1) 确认钢包状况：钢包包边、钢包空间、钢液渣厚。

　　(2) 对钢水进行测温、取样、定氧：温度和氧含量自动上传到如图 6-22 所示画面。测温取样系统使用定氧探头时，应注意：定氧探头在钢液中测氧时，应答时间为 5~10s，全程测量时间为 15s 左右；使用前和使用中严禁摔和撞击，以防探头中氧化锆和石英管断裂，影响测量结果；从测试枪到二次仪表的连接导线严格屏蔽，防止电磁干扰。二次仪表要有良好的接地；定氧枪进入钢水后，要快、直、稳。

　　(3) 预抽真空作业：点击如图 6-22 所示画面"预抽真空"键，在弹出对话框时选择"启动"，信号由"Stop"变为"Running"，表示预抽开始。

　　(4) 在操作盘上把钢水包提升到规定位置后，确认提升气体种类，将该气体流量调到 600L/min，并按下插入深度，将插入管插到钢液内，液面一般在插入管法兰盘以下 100mm 处，并且保证插入管插入钢液的绝对深度至少为 150mm，即插入深度计数值大于 400mm。

　　c　脱气和脱碳操作

　　(1) 点击画面上"处理"键，弹出对话框如图 6-23 所示，点击"开始"，真空主阀（07M01）打开，脱气过程开始。

　　(2) 如图 6-9 所示画面真空系统自动启动 5 级 9 台蒸汽喷射泵过程：先打开启动泵阀（07H16），再打开 5 级真空泵阀（07H14）和（07H15）；当真空度到达 450mbar（1bar = 100kPa）时，打开 4 级真空泵阀（07H12）和（07H13）；当真空度到达 150mbar 时，3 级真空泵阀（07H10）和（07H11）打开，随即关闭启动泵阀

图 6-23　RH 处理对话框

（07H16）；当真空度到达 60 mbar 时，2 级增压泵阀（07H09）打开，同时关闭真空副泵阀（07H17）、（07H13）和（07H15）；当真空度到达 4mbar 时，打开 1 级增压泵阀（07H08），直至真空极限 0.25mbar。

　　(3) 根据到站钢液的碳含量、定氧情况及温度状况，决定吹氧的枪位、吹氧流量和耗氧量，并在画面上对应蓝色框内给入。

　　(4) 通过工业电视观察钢液在真空罐内的循环状况，在真空度为 200 mbar 时，钢液的循环流动方向就十分明显了。

　　(5) 通过分析气体了解钢液的脱气程度和脱氧状况。

　　(6) 通过调节氩气流量以控制钢液循环量、喷射高度和脱气强度。

　　d　脱氧及合金化

（1）根据钢水的工艺要求决定脱氧铝量、加入合金的种类和数量。

（2）加入合金后，要保证一定的循环时间，确保钢水成分和温度均匀。

　　e　取样、测温

（1）取样、测温在真空处理开始之前进行一次，真空处理 3min 后进行一次测温。以后每隔 10min 进行一次测温，接近终点时，进行取样和测温。

（2）取样、测温要在下降管一侧，且要在钢水以下 300mm 处，以确保钢水温度和钢样有代表性。

　　f　处理时间

（1）轻处理钢要求 7 个循环以上，才能使钢水达到工艺要求。

（2）本处理钢水要求 10~15 个循环以上。

　　g　结束处理

（1）点击画面上"处理"键，弹出对话框如图 6-23 所示，点击"结束"，真空主阀（07M01）关闭。

（2）加足保温剂，落下钢包，开到浇注位。

（3）打印报表，提交系统，结束处理。

（4）关闭冷却水，继续烘烤真空罐，等待下一炉钢的冶炼。

　　C　RH 法的发展

随着时代的发展，RH 法也在不断地完善，到目前为止，人们的研究方向已由硬件转向软件。比如超低碳钢处理的动态控制技术，其原理是引进了质谱分析仪，通过对炉气中的 CO、CO_2、Ar、N_2、O_2、H_2O 的定量测量，经计算机数学模型计算，来推测钢液中［C］含量随时间的变化量，以此来缩短冶炼时间，降低生产成本，实现动态控制。此外脱气控氮、真空度动态控制的模型也在探索阶段。

6.2.2　LF 钢包精炼炉炼钢监控画面与操作

6.2.2.1　综述

　　A　LF 钢包精炼炉概述

LF 炉起初是由日本特殊钢公司于 1971 年研制成功，开发目的是把转炉炼钢后的还原操作移到钢包中进行，具有投资少、冶金功能强的特点，因此近年来被国内许多钢厂广泛采用。LF 炉是一种特殊的精炼炉，常采用电极埋弧精炼操作，将转炉冶炼完成的钢水送入钢包，再将电极插入钢包钢水上部炉渣内并产生电弧，加入石灰、萤石，用氩气搅拌使钢包内保持较强的还原性气氛，进行埋弧精炼。

　　B　LF 钢包精炼炉功能

LF 炉在还原性气氛下，通过电弧加热制造三氧化二铝含量较高的高碱度还原渣，并从钢包底部出入氩气，强化精炼反应，进行钢液的深脱氧、深脱硫、脱气、去除夹杂物、合金化等冶金反应，其目的就是精确调整钢水成分温度，提高钢水纯净度，由于其没有固定的生产模式与步骤，从而在转炉与连铸机之间提供一个缓冲的环节，实现多炉连续浇铸。LF 设备组成如图 6-24 所示。

C　LF 炉自动化控制的主要职能

计算机控制系统主要职能是完成显示本炉钢信息、搅拌模型控制、合金模型控制、温度模型跟踪、钢水成分预报等。

计算机控制系统采用二级系统配合一级画面完成系统运行监测、工艺过程监测、工作方式及控制参数的录入。

6.2.2.2　LF 监控画面与操作

A　前期准备阶段

（1）在主画面生成之前，首先进入准备阶段，查看当前生产计划有三种方式：甘特图和数据列表以及计划关联预熔物。

（2）以数据列表为例，其画面如图 6-25 所示。数据列表画面给出冶炼的钢种、炉次信息、生产计划。选中最上方这一计划，如选中计划号 nuwos_ 0，点击画面下方右侧"接管"按钮。

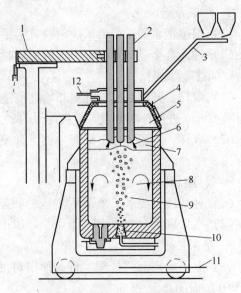

图 6-24　设备组成

1—电极横臂；2—三相电极；3—加料系统；
4—炉盖；5—工作门；6—电极自动调节系统；
7—钢液面；8，9—钢液循环；10—供氩系统；
11—钢包车运行系统；12—除尘系统等设备

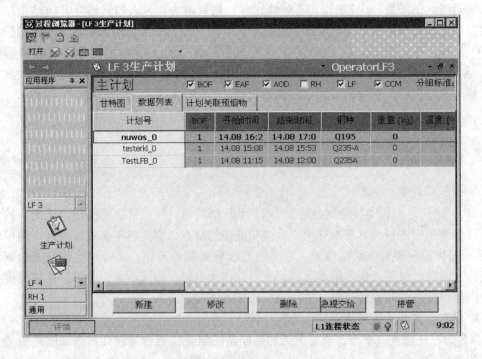

图 6-25　数据列表画面

弹出 LF Takeover 窗口，选中当前生产的炉次，如选用 B2608003 炉号，如图 6-26 所示，点击下方"OK"。

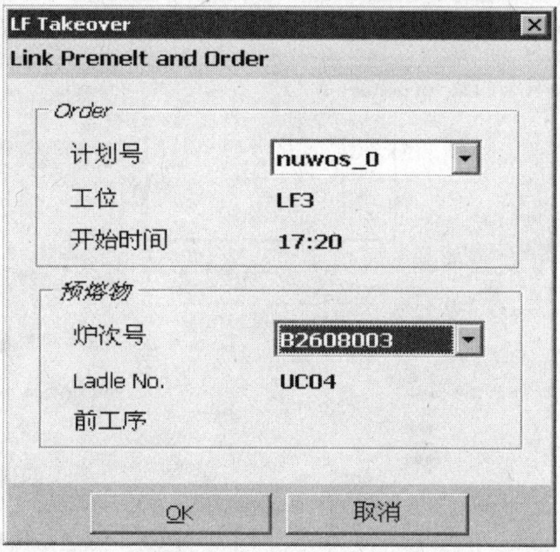

图 6-26　确认画面

　　进入下一级钢种信息画面，如图 6-27 所示。此时操作员需要对转炉出钢钢种、钢水量、所使用钢包信息进行确认，正常情况下数据填写完毕后，点击画面下方"确认"，弹出 LF 炉在线模型主画面，如图 6-28 所示。画面显示 LF 炉的最主要数据信息（吹氩操作模型、加料操作模型、调温操作模型）。

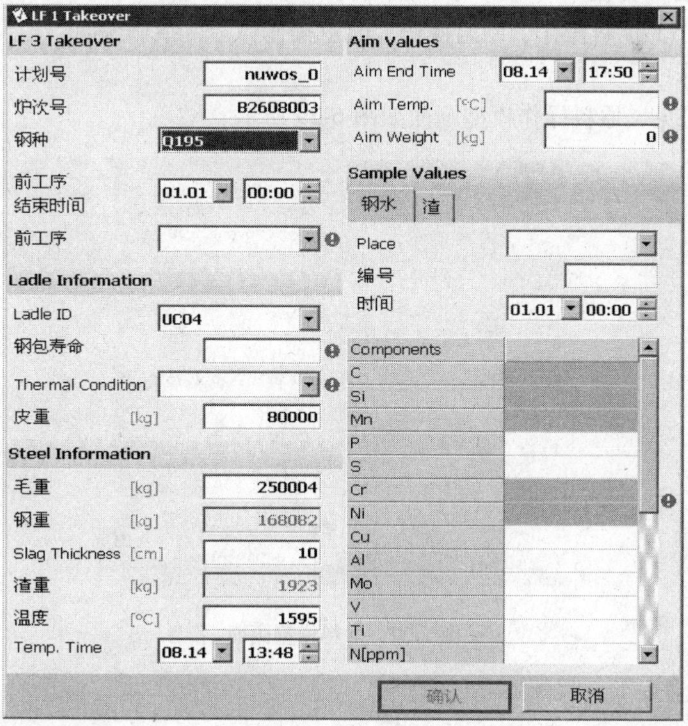

图 6-27　信息画面

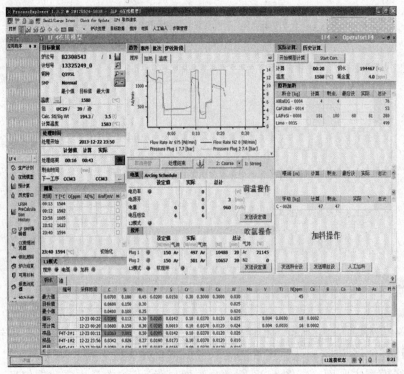

图 6-28　主画面

B　监控画面日常操作

监控画面以 LF 加料操作、调温操作、吹氩操作为主，举例说明。

a　加料操作

由图 6-28 可见，原料操作模型画面如图 6-29 所示。

图 6-29　加料模型画面

合金加入量计算公式：

$$补加合金加入量 = \frac{钢水量×(目标值-实际值)×100\%}{合金元素含量×元素回收率}$$

　　模型计算的结果需要操作员确认，操作员根据实际加入料的重量和种类，点击"人工加料"按钮，弹出如图 6-30 所示对话框。

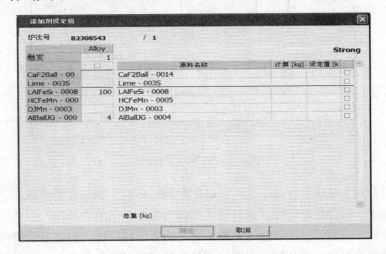

图 6-30　加料操作对话框

图中原料种类说明：

CaF2Ball（萤石），Lime（石灰），LAlFeSi（硅铁），HCFeMn（高碳锰铁），DJMn（电解锰），AlBallJG（铝丸）。

　　原料重量在图中"设定值"下方填入实际加入量，点"确认"，由计算机控制来完成加料操作。

　　b　调温操作

　　由图 6-28 可见，调温操作模型画面如图 6-31 所示。

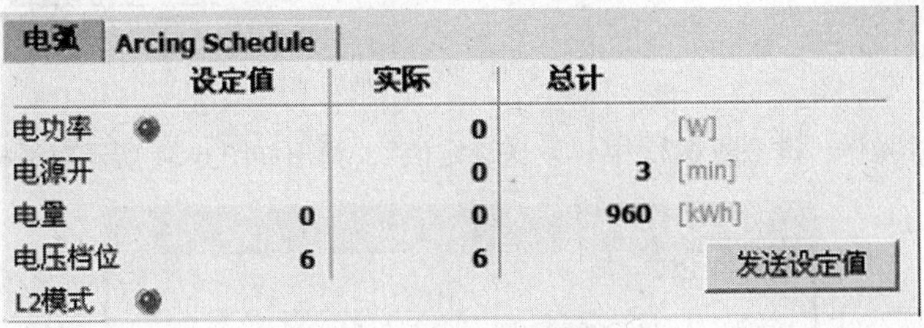

图 6-31　调温模型画面

　　生产过程中根据所测的钢液温度以及钢种供给连铸所需的温度通过调温模型画面，点击"发送设定值"，弹出如图 6-32 所示对话框。

　　此时通过图 6-32 所示画面人工输入电压挡位（1~10 挡）、在图中"目标能量"下方输入目标电能（kW·h），点击"确定"，开始升温操作，以补偿冶金过程中能量损失。如需降温操作，则通过吹氩搅拌，可完成钢水的降温，由此控制钢水的温度。

　　c　吹氩搅拌操作

　　吹氩搅拌能使钢液成分和温度均匀化，并能促进冶金反应。多数冶金反应过程是相界

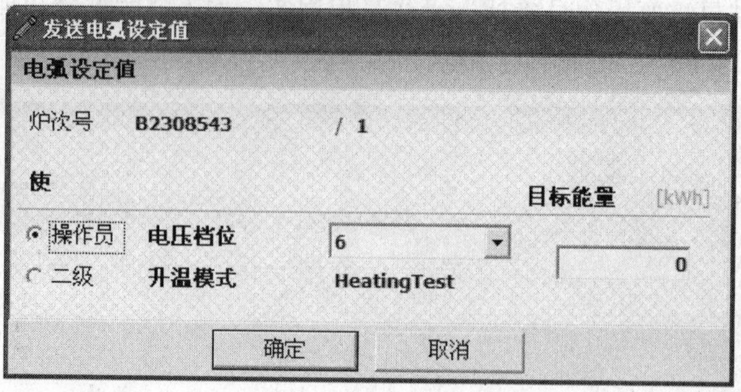

图 6-32　电弧设定对话框

面反应，反应物和生成物的扩散是这些反应的限制性环节。钢液在静止状态下，夹杂物从钢液中上浮出去，排除速度较慢；这时氩气搅拌给需要上浮的夹杂物及一些有害气体提供一个上浮的基体，从而促进夹杂物的上浮，提高钢水的纯净度。但是不合理的搅拌，如过强的搅拌会使钢渣卷混，增加钢中夹杂物并且使钢液裸露吸气而增加钢中的氧、氢、氮等有害气体。所以应采用合理的控制搅拌强度。

由图 6-28 可见，吹氩操作模型画面如图 6-33 所示。

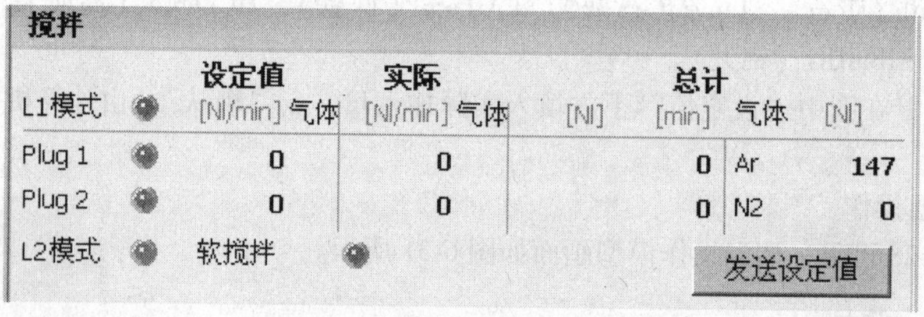

图 6-33　吹氩画面

吹氩搅拌操作，点击图 6-33 中"发送设定值"，弹出如图 6-34 所示对话框。

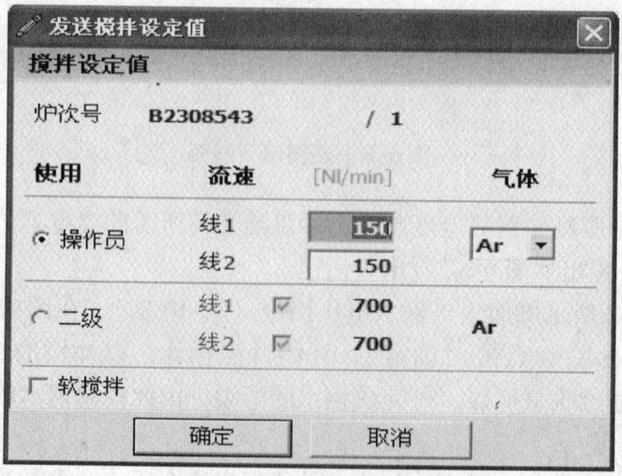

图 6-34　流量调节对话框

操作员在如图 6-34 所示画面中"［NL/min］"下方，填写范围 30~700NL/min 供氩流量，点击"确定"，完成吹氩搅拌操作。

通过上述阐述可以看出，LF 一炉钢精炼过程，经合金化操作、调温操作、吹氩搅拌操作等，完成了调整钢水成分、温度的任务，并提高了钢水纯净度，匹配了连铸节奏。

6.2.3　多功能非真空感应炉炼钢检测控制与操作

6.2.3.1　综述

A　非真空感应炉工艺概述

非真空感应炉是在非真空条件下，在坩埚内利用感应加热的原理熔化废钢，辅以人工添加渣料和合金，具有调整钢液成分，脱硫等冶金功能，并浇铸成多种规格钢锭的一种冶炼方法。通常采用碱性坩埚熔化法冶炼工艺，碱性坩埚熔化法的冶炼过程主要包括装料、熔化、精炼、出钢浇注、脱模和冷却等环节。

装料：在坩埚底部装入占炉料 2%~5% 的底渣，主要成分为石灰和萤石。

熔化：熔化期的主要任务是进行碳、硅、锰的氧化反应和脱硫反应。熔清后，扒除含有 CaS 的炉渣。

精炼：主要任务是调整好熔渣成分，有效脱氧、合金化。

出钢：出钢前加铝进行终脱氧，小感应炉可直接全部扒渣后浇注。

本章介绍的多功能非真空感应炉是近几年发展起来的新炉型，它采用一套感应加热电源，两个炉体。其中一个炉体具有顶吹氧、底吹惰性气体功能，主要用于模拟顶底复吹脱碳转炉冶炼低碳钢、微合金钢等碳钢，具有脱碳、脱磷冶金功能。工艺过程主要包括：配料→装料→感应炉熔化炉料→造氧化渣脱磷→吹氧脱碳→扒渣、造新渣→还原合金化→出钢。另一座炉体具有直流电弧加热和底吹惰性气体功能，模拟 LF 钢包精炼工艺，具有调节钢水成分和温度、脱氧、脱硫和去除夹杂物功能。适用于冶炼对钢中氧和硫的含量要求低、夹杂物控制严格的高质量洁净钢。工艺过程主要包括：配料→装料→感应炉熔化炉料→扒渣→加精炼渣→LF 炉精炼→测温/取样→出钢并浇铸成锭。

我国电子技术、航空技术、能源技术等领域日新月异的发展，对钢的质量和品种提出了愈来愈高的要求。传统的转炉、电弧炉等生产手段已难以适应其质量要求，其冶炼手段由竞争能力更强的特种冶炼手段和炉外精炼所取代，下面主要介绍计算机自动控制在非真空感应炉冶炼工艺中的应用。

非真空感应炉熔炼是电炉熔炼领域的一种重要方法。非真空感应炉容量范围宽，适用于批量小的钢种和合金，其作为小型冶炼设备，被广泛应用。尤其近年来，随着非真空感应炉技术的不断进步，它已发展成了集感应熔化、直流电弧加热、顶吹氧气、底吹惰性气体（氩气或氮气）等功能为一体的新炉型，非真空感应炉逐步向多功能、高效化和自动化发展。

非真空感应炉采用一套计算机监控系统，实现上位机对顶底复吹系统的气体及直流加热系统电流的动态监控和调整。

B　非真空感应炉自动控制的主要职能

计算机控制系统主要完成顶枪升降控制，气体阀站的控制及 LF 炉控制。

　　计算机控制系统采用二级计算机控制系统，即由基础控制级和管理控制级组成。

　　基础控制级即下位机系统，采用可编程控制器（PLC），利用西门子编程软件编程，下位机系统完成各种信号的采集、氧枪升降控制、吹炼过程的自动化控制及 LF 炉控制。

　　管理控制级即上位机系统，主要完成系统运行监视、工艺过程监视、工作方式及控制参数人机交互，各主要检测量的历史趋势查询显示，报警记录查询显示，运行记录及生产报警输出。并离线或在线编程，监控系统的运行。

6.2.3.2　非真空感应炉本体的检测与控制

　　图 6-35 是非真空感应炉操作的主画面。

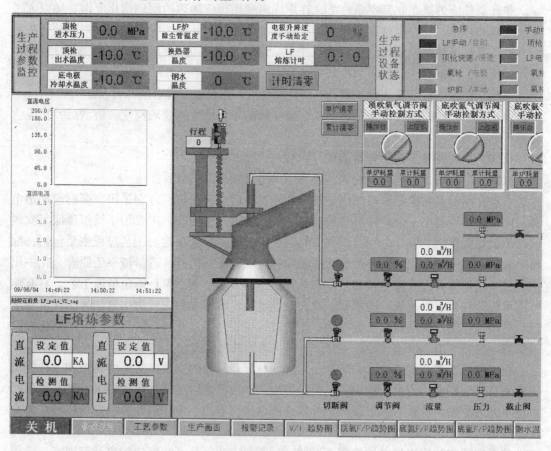

图 6-35　生产过程监控主画面

　　画面形象地展示了非真空感应炉的工艺流程、设备运行状况及各检测点的测量值。

　　屏幕的右上角显示生产过程设备状态。显示急停按钮是否被按下；显示顶枪变频器电源是否闭合；显示操作台上"LF 炉与顶吹"选择开关的位置；显示操作台上"LF 炉手动与自动"选择开关的位置；显示操作台上"顶枪快速/慢速"选择开关的位置；灯的颜色与提示字的颜色相同。还有氧枪上限和氧枪下限指示，没有达到上下限时指示为绿色，达到上下限时指示为红色。

　　屏幕左上角显示生产过程参数监控。提供顶枪冷却水出水温度、底电极冷却水水温、顶枪进水压力、电极手动升降速度设定、钢水温度等的实时采集值显示。

屏幕中部是单个炉体画面,动画显示:（1）顶枪移动过程。在顶枪上显示顶枪行程距离（单位:mm）,顶枪上行程限位开关为顶枪行程的零点,即顶枪达上行程限位开关后,编码器计数清零,顶枪行程显示值为零,顶枪下行,计数值增加。（2）炉内钢水。当顶枪下降到炉内的一定位置（即达设备参数中顶枪达炉口位设定值）自动显示炉内钢水。（3）顶枪移动状态指示。顶枪上升时显示箭头 ⇑,顶枪下降时显示箭头 ⇓。画面中的图标意义如图 6-36 所示。

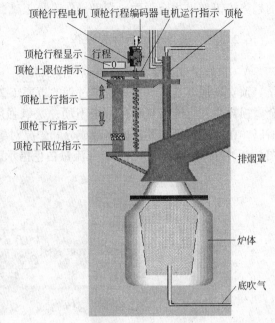

图 6-36　炉体部分说明

在图 6-35 屏幕左侧是 LF 炉参数设定画面。提供设定 LF 熔炼电流和 LF 熔炼电压,同时显示 LF 熔炼实际电流和 LF 熔炼实际电压。LF 熔炼设定电流由上位机画面中直接输入设定,LF 熔炼设定电压由操作台上电位器调节设定。LF 熔炼电压控制在整流柜内进行 PID 控制,LF 熔炼电流控制通过 PLC 进行 PID 控制（控制参数在参数设定画面中设定）,根据实际电流值与设定电流值的差值的正负控制电极的运行方向,差值的大小控制电极的运行速度。

在 LF 熔炼参数上方有 LF 直流电压和 LF 直流电流的简易趋势图,可直观地观察到直流电流和直流电压的趋势走向,方便随时调整控制参数,满足生产的需要。

在图 6-35 屏幕右侧是阀站状况指示区,提供顶吹、底吹气体的快速关断阀开闭状态、气动调节阀的开度、气体设定流量、气体实际流量、气体压力。当气路的压力、流量超过测量范围时,对应的数值显示域闪粉色。在阀站状况指示区还显示顶吹、底吹气体的单炉流量和累计流量。具体如图 6-37 所示。

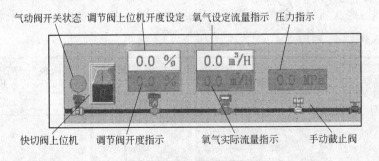

图 6-37　阀站部分说明

在图 6-35 屏幕下侧为控制菜单,菜单有参数设定、工艺参数、生产画面、报警记录、V/I 趋势图、顶氧 F/P 趋势图、底氮 F/P 趋势图、底氩 F/P 趋势图、钢水温度趋势。点击相应按钮，弹出相应画面。另外，重要工艺参数的一些趋势变化可以通过点击屏幕下方的趋势按钮弹出相应画面，帮助操作人员正确判断非真空感应炉进程并采取相应调剂。

6.2.3.3　操作班长的日常操作

A　顶底复吹气体流量、压力调节操作

顶吹氧强度是非真空炉脱碳过程的重要工艺参数。吹氧强度过高，会引起喷溅，不仅金属损耗高，且给冶炼顺行带来不便；吹氧强度过低，则脱碳效果差，延长了吹氧时间。所以，在冶炼过程需要根据钢液成分和炉况对氧气流量、压力及时调整。顶吹氧调节点击图6-38中的调节阀开度，或者在流量白色指示区域改变流量输入值。

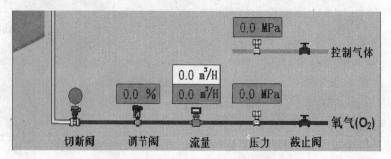

图6-38　顶吹氧气自动调节画面

底吹氩气搅拌能促进钢渣反应，去除钢液中气体、夹杂物，其搅拌强度需要根据炉况进行调整，既要保证良好的搅拌效果，又不使钢水裸露氧化。调节氩气流量的方法是点击图6-39中氩气调节阀或在白色方框内输入具体流量数值。

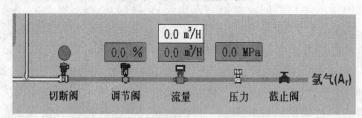

图6-39　底吹氩气自动调节画面

顶吹氧气、底吹氩气、氮气调节还可以通过在图6-40中点击调节阀手动控制方式中的"上位机"按钮来操作。

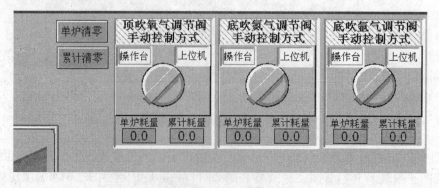

图6-40　顶底复吹气体调节阀调节

B　氧枪枪位调整操作

氧枪枪位一般距离钢液液面 100~300mm，枪位通过在图 6-41 中氧枪行程黄色方框内输入具体数值，以自动调整枪位高低。

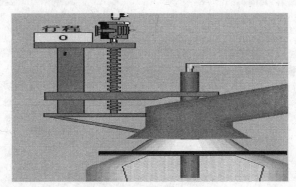

图 6-41　氧枪枪位调整画面

C　LF 炉精炼电流、电压调整操作

LF 炉操作要稳定电弧，才能达到较好的精炼效果。在实际操作中，电弧电流随加入渣料的成分、渣料量的不同而波动。所以需要根据炉况及时调整电流、电压值，以保持精炼过程稳定。通过在主画面（如图 6-35 所示）中 LF 炉熔炼参数白色区域，改变电压、电流设定值以达到稳定电弧的效果，具体如图 6-42 所示。

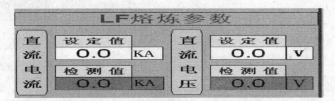

图 6-42　LF 炉精炼电流、电压调整画面

D　设备参数设定画面

在图 6-35 主画面中按"参数设定"键进入如图 6-43 所示画面。该画面用于输入各报警限位值及与控制有关的参数。

参数的输入方法为：光标指向设定输入域，输入数据后按回车键，设定的参数自动传送到 PLC。按"返回"键，则返回主画面。

按"写参数"键，将参数保存在 D 盘的"PRODUCT_ DATA"目录的"DEVICE_ DATA0. TEXT"文件中。按"读参数"键，将从上述文件中读取参数，并传送给 PLC。

提示：可利用 U 盘保存"PRODUCT_ DATA"目录的"DEVICE_ DATA0. TEXT"文件。

在此画面中，可设定：（1）各种温度、压力的报警值和报警延迟时间以及顶枪水堵报警和直流电源报警的延迟时间。（2）LF 熔炼、顶吹氧气以及底吹气体的 PID 参数。（3）顶枪升降速度值以及顶枪下限位的距离设定。

E　生产工艺参数设定画面

在主画面中点击"工艺参数"按钮，则进入如图 6-44 所示画面。

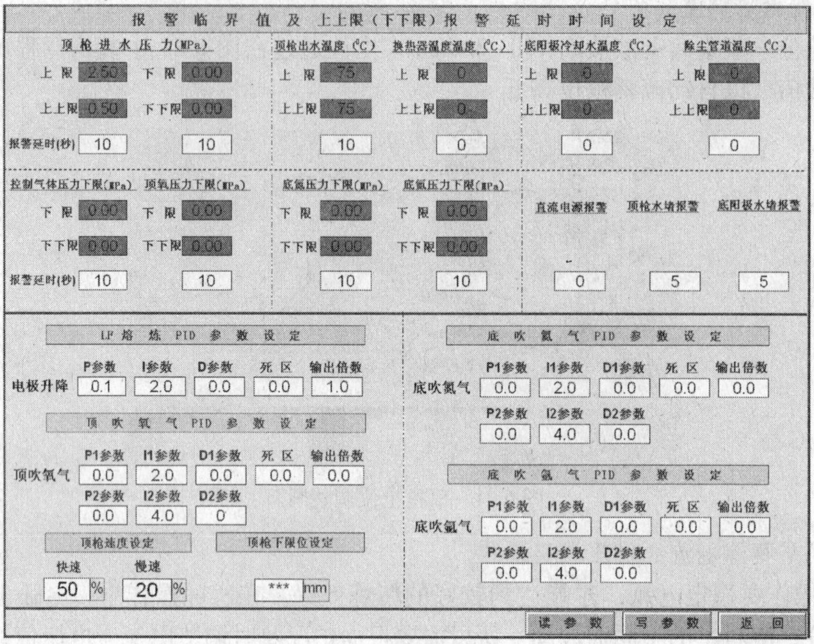

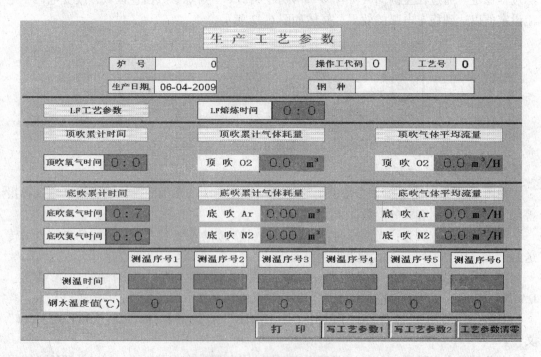

图 6-43 设备参数设定画面

图 6-44 工艺参数设定画面

在此画面中，可以设定炉号、操作工代码、工艺号以及钢种，系统会在熔炼过程中记录下 LF 熔炼时间、各种气体的吹气参数（包括吹气时间、累计气体耗量和气体平均流量）和钢水测温参数（包括每次的测温时间以及温度值）。通过"写工艺参数 1"和"写工艺参数 2"按钮可分别生成以当天日期为文件名的文件保存在用户指定的文件夹中，可随时进行查看。如连接有打印机，通过"打印"按钮可把生产工艺参数打印出来。在每次熔炼结束后，通过"工艺参数清零"按钮可把画面中参数清零，为下次熔炼做准备。

6.2.3.4 系统登录与退出

图 6-35 监控画面的下方是提供调用其他功能画面的功能键。其中按画面左下角红色关机键，显示如图 6-45 所示的窗口。

"关机"、"退出 WinCC"和"取消激活"功能键为灰色，表明这些功能键需受权操作者才可调用。按"Ctrl+O"键，在如图 6-46 所示窗口中输入正确的用户名及口令。

图 6-45 系统关闭与退出窗口 1

登录成功，画面下方显示如图 6-47 所示画面。

此时即可操作"退出 WinCC 系统"和"退出 WinCC 运行"功能键。退出 WinCC 系统或退出 WinCC 运行后即进入 Windows 平台。在 Windows 平台下重新运行 WinCC 的方法是双击"windows control center"图标，进入 WinCC 后，点击"▶"图标。如果关机，重新启动，将自动运行 WinCC 系统。按"Ctrl+F"键，退出登录。

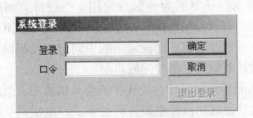

图 6-46 系统登录窗口

图 6-47 系统关闭与退出窗口 2

6.3 连铸生产监控画面及操作

6.3.1 综述

6.3.1.1 连铸生产概述

高温钢水，连续不断地浇注成具有一定断面形状和一定尺寸规格铸坯的生产工艺过程称为连续铸钢。其实质是液态钢经过冷却转变成固态钢的过程。完成这一过程所需要的设备是连铸成套设备，它主要有机械（液压、润滑）设备、"三电"（电气、仪表、计算机）设备、水系统设备、能源介质设备、通讯设备、厂房设备、起重机设备、运输车辆、基础设施、环保设备及其他外围设备。

与传统的模注相比，连铸有以下几方面的优越性：

（1）简化了工序，缩短了流程，提高了生产率。

（2）提高了金属收得率。

（3）降低了能源消耗。

（4）生产过程机械化、自动化程度高。

（5）提高了质量，扩大了品种。

6.3.1.2 连铸自动化控制

连铸生产的自动化控制系统基本上包括生产管理级、过程控制级、设备控制级和信息级。生产管理级主要是对生产计划进行管理和实施，指挥过程计算机执行生产任务；过程控制级接收设备控制级提供的各类数据和设备状态，指导和优化设备控制过程；设备控制级指挥现场的各种设备（如塞棒、滑动水口、结晶器振动、拉矫机、切割设备等）按照工艺要求完成相应的生产操作；信息级的主要功能是记录、搜集、统计生产数据供管理人员研究和作出决策。其中，设备控制级和过程控制级自动化最为关键，直接关系到连铸机生产是否顺畅和连铸坯的质量。目前，成熟应用于连铸机的检测和控制的自动化技术主要包括以下几种：

（1）大包渣检测技术。当大包到中间包的长水口中央带渣子时，表明大包钢水即将浇完，需尽快关闭大包长水口，否则钢渣会进入中间包中。目前，常用的夹渣检测装置有光导纤维式和电磁感应式。检测装置可与滑动水口的控制装置形成闭环控制，当检测到下渣信号时自动关闭水口，防止渣子进入中间包，从而提高钢水质量。

（2）中间包连续测温。测定中间包内钢水温度的传统方法是操作人员将快速测温热电偶插入中间包钢液中，由二次仪表显示温度。热电偶为一次性使用，一般每炉测温 3~5 次，每次使用 2~3 支热电偶。如果采用中间包加热技术，加热过程中需随时监测中间包内钢液温度，所以连续测温装置更是必不可少。目前，比较常用的中间包连续测温装置为带有保护套管的热电偶，保护套管的作用是避免热电偶与钢液接触。

（3）结晶器液面检测与自动控制。结晶器液面波动会使保护渣卷入钢液中，引起铸坯的质量问题，严重时导致漏钢或溢钢。结晶器液面检测主要有同位素式、电磁式、电涡流式、激光式、热电偶式、超声波式、工业电视法等。其中，同位素式液面检测技术最为成熟、可靠，在生产中采用较多。液面自动控制的方式大致可分为三种类型：一是通过控制塞棒升降高度来调节流入结晶器内钢液流量；二是通过控制拉坯速度使结晶器内钢水量保持恒定；三是前两种构成的复合型。目前，第一种类型在实际生产中使用较广。

（4）结晶器热流监测与漏钢预报技术。在连铸生产中，漏钢是一种灾难性的事故，不仅使连铸生产中断，增加维修工作量，而且常常损坏机械设备。黏结漏钢是连铸中出现最为频繁的一种漏钢事故。为了预报由黏结引起的漏钢，国内外根据黏结漏钢形成机理开发了漏钢预报装置，也称为结晶器专家。当出现黏结性漏钢时，黏结处铜板的温度升高。根据这一特点，在结晶器铜板上安装几排热电偶，将热电偶测得的温度值输入计算机中，计算机根据有关的工艺参数按一定的逻辑进行处理，对漏钢进行预报。根据漏钢危险程度的不同，可采取降低拉速或暂时停浇的措施，待漏钢危险消除后恢复正常拉速。采用热流监测与漏钢预报系统可大大降低漏钢频率。

（5）二冷水自动控制。同一台连铸机在开浇、浇铸不同钢种以及拉速变化时需要及时对二冷水量进行适当调整。二冷水的自动控制方法主要可分为静态控制法和动态控制法两类。静态控制法一般是利用数学模型，根据所浇铸的断面、钢种、拉速、过热度等连铸工艺条件计算冷却水量，将计算的二冷水数据表存入计算机中，在生产工艺条件变化时计算机按存入的数据找出合适的二冷水控制量，调整二冷强度。动态控制法根据二冷区铸坯的实际温度及时改变二冷水量。目前在实际生产中，根据铸坯凝固传热数学模型进行温度推算进而对二冷水量进行调节。

（6）铸坯表面缺陷自动检测。连铸坯的表面缺陷直接影响轧制成品的表面质量，热装热送或直接轧制工艺要求铸坯进加热炉或均热炉必须无缺陷。因此，必须进行表面质量在线检测，将有缺陷的铸坯筛选出来进一步清理，缺陷严重的要判废。目前，比较成熟的检测方法有光学检测法和涡流检测法。光学检测法是用摄像机获取铸坯表面的图像，图像经过处理打印出来，操作人员观察打印结果对铸坯表面质量做出判断。涡流检测法利用铸坯有缺陷部位的电导率和磁导率产生变化的原理来检测铸坯的表面缺陷。

（7）铸坯质量跟踪与判定。铸坯质量跟踪与判定系统是对所有可能影响铸坯质量的大量工艺参数进行记录、收集与整理，得到不同钢种、不同质量要求的各种产品的工艺数据的合理控制范围，将这些参数编制成数学模型存入计算机中。生产时计算机对浇铸过程的有关参数进行跟踪，根据已储存的工艺参数与质量的关系，对铸坯质量进行等级判定。在铸坯被切割时，可以在铸坯上打出标记，操作人员可以根据这些信息对铸坯做进一步处理。

（8）动态轻压下控制。轻压下是在线改变铸坯厚度、提高内部质量的有效手段，主要用于现代化的薄板坯连铸中。带轻压下功能的扇形段的压下过程由液压缸来完成，对液压缸的控制非常复杂，需要计算机根据钢种、拉速、浇铸温度、二冷强度等工艺参数计算出最佳的压下位置以及每个液压缸开始压下的时间、压下的速度。

6.3.2 连铸生产常用控制画面和操作

6.3.2.1 连铸生产主要画面介绍

A 连铸系统控制画面

连铸系统的控制画面如图 6-48 所示。

a 结晶器冷却水温度差的测量

在连铸结晶器的进水总管和结晶器四个面的出水管上共安装有五个检测水温用的热电阻，根据各个面出水温度与进水温度的温差，来确定结晶器四个面供水是否正常。

b 结晶器钢水液面的检测与控制

结晶器钢水液面一般用放射性元素钴-60 来检测，根据液面来自动控制滑动水口的开度，以保证液面正常。

c 结晶器冷却水流量的检测与控制

在结晶器四个面的进水管上都安装有一个调节阀和一个用于检测水流量的电磁流量计，在连铸拉钢时，程序自动控制每个调节阀的开度，以使水流量自动跟踪到设定值。

d 二次冷却水流量的检测与控制

在二冷水的每个段的进水管上都安装有一个切断阀、一个调节阀和一个用于检测水流量的电磁流量计，在连铸拉钢时，切断阀完全打开，程序自动控制每个段上调节阀的开度，以使水流量自动跟踪到每个段的设定值。

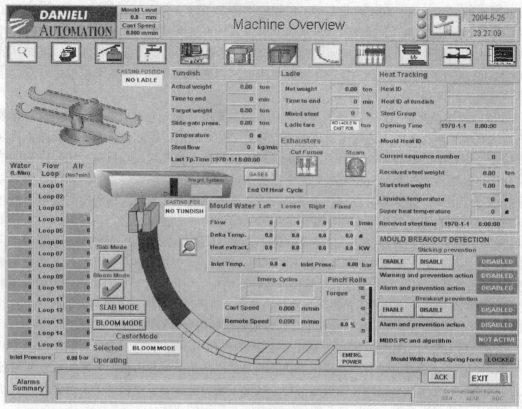

图 6-48　连铸系统画面

B　浇铸综述控制画面

浇铸综述控制画面如图 6-49 所示。

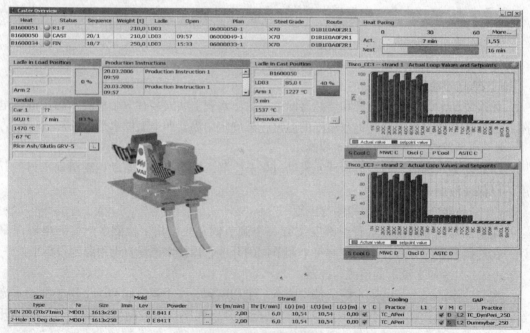

图 6-49　浇铸综述画面

画面中包括浇铸生产列表、大包浇铸位置、中包信息、铸流细节数据、二次冷却水显示、结晶器调宽显示、结晶器振动显示、一冷水显示等内容。

C 报警画面

报警画面如图6-50所示。

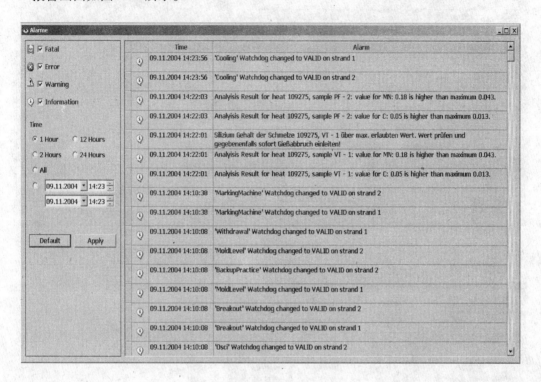

图6-50 报警画面

画面中可以显示出不同状态下各系统的报警信息,包括大包系统、中包系统、风机系统、振动系统、拉矫系统、切割系统和液压、甘油系统等。

D 切割画面

切割画面如图6-51所示。

切割画面提供铸坯的概况,涉及有关当前的产品,以及下一个铸坯计划和在浇铸中存在的计划等信息。

E 浇铸数据画面

浇铸数据画面如图6-52所示。

浇铸数据画面显示生产过程中的各种数据,包括生产日期、浇铸计划、浇铸炉号、浇铸钢种以及生产断面、规格等数据,这些数据将自动储存在电脑数据库中,便于对生产和质量的控制。

6.3.2.2 连铸生产中常用画面的应用

A 一冷泵控制画面

一冷泵控制画面如图6-53所示。

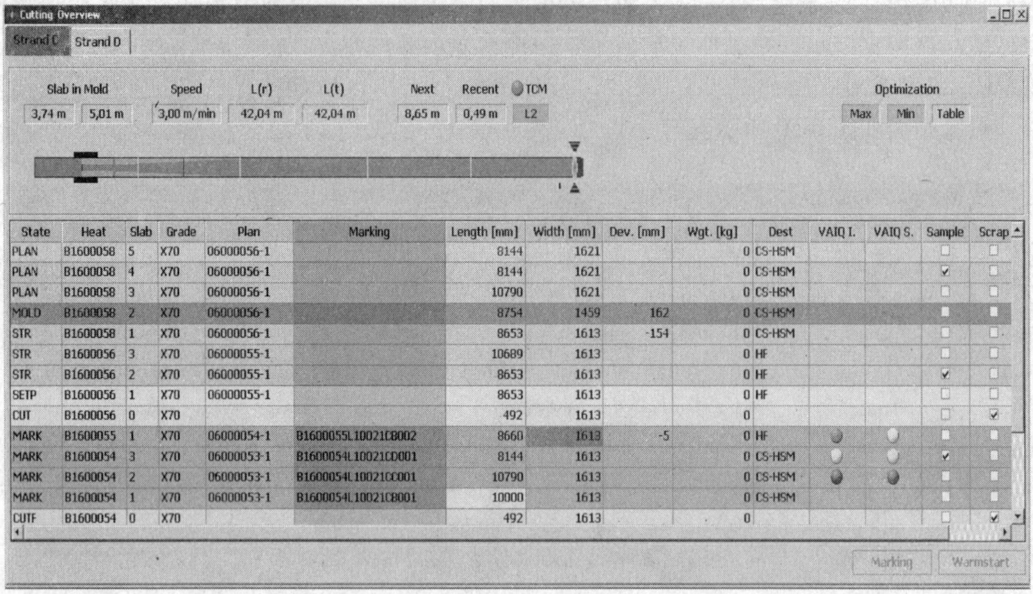

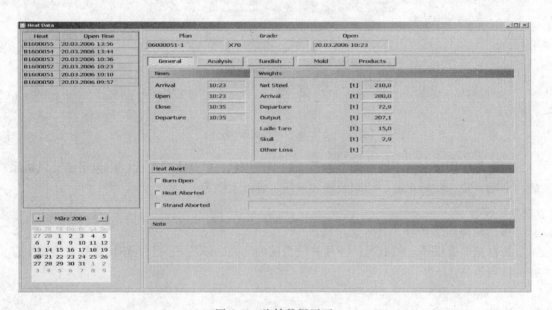

图 6-51 切割画面

图 6-52 浇铸数据画面

点击画面中各阀门，将弹出操作选择窗口，点击"open"，阀门芯变成绿色，表明阀门打开。确认进水阀门 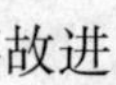 FS1310、回水阀门 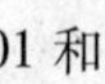 FS1320 阀门芯的颜色均为绿色后，表明阀门开启，同时确认事故进出水阀门 （J001 和 J002）为关闭状态，此时通知连铸供水部门，启动一冷泵。

    B 二冷泵控制画面应用

    二冷泵控制画面如图 6-54 所示。

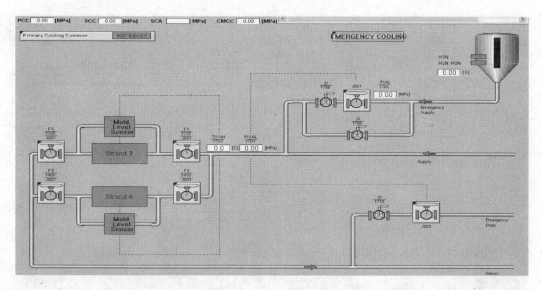

图 6-53 一冷泵控制画面

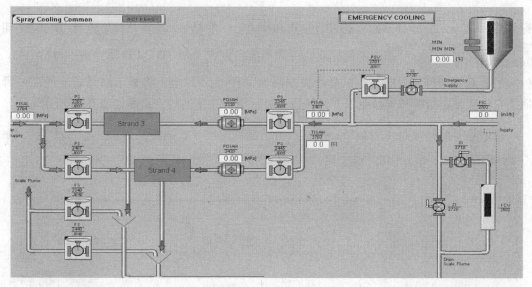

图 6-54 二冷泵控制画面

画面中点击进水阀门 PS2345J005，将弹出操作选择窗口，点击"open"，当阀门

阀芯变成绿色，表明阀门打开，同时确认事故进水阀门 （PSV2701J001）是关闭状态，

此时通知连铸供水部门启动二冷泵。

C 结晶器控制画面应用

结晶器控制画面如图 6-55 所示。

在结晶器控制画面（图 6-55）上，点击中包车和铸流的导航按钮 ，鼠

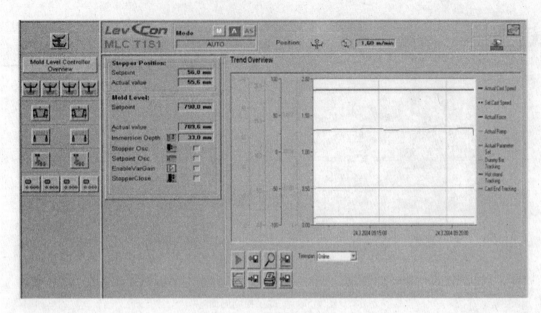

图 6-55　结晶器控制画面

标双击，表示选择了对应的中包车和铸流。在结晶器液位的操作方式按钮 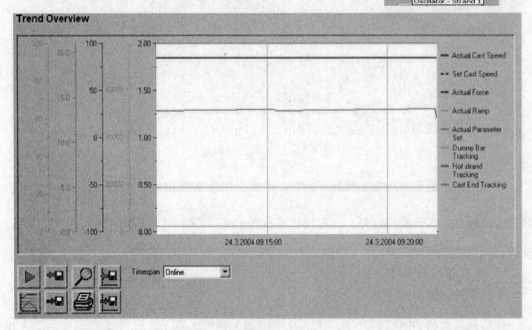中，鼠标双击可选择操作方式"AUTO"（自动）或"MANUAL"（手动）；自动条件满足时，在结晶器控制画面（图 6-55）上，将显示结晶器液面曲线画面，它包括设定曲线和实际曲线，另外还会显示浇铸拉速曲线。截图如图 6-56 所示。

在结晶器控制画面（图 6-55）上，点击结晶器振动导航按钮 ，将

图 6-56　结晶器液面曲线画面

弹出振动操作模式按钮 ，点击"AUTOMATICREMOTE"，弹出 "AUTO"（自动）或"MANUAL"（手动），选择振动启动方式，其中自动包括远程自动和 就地自动两种方式。

D　主机驱动控制画面应用

主机驱动控制画面如图 6-57 所示。

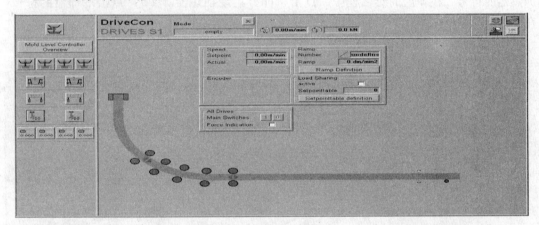

图 6-57　主机驱动控制画面

在图 6-57 中驱动控制按钮 上，点击 "empty"栏，将出现"维修、准备、浇铸、送引锭"等方式，鼠标双击选择操作方式。 选定方式后将自动出现设定速度、实际速度等信息。

E　液压控制画面应用

液压控制画面如图 6-58 所示。

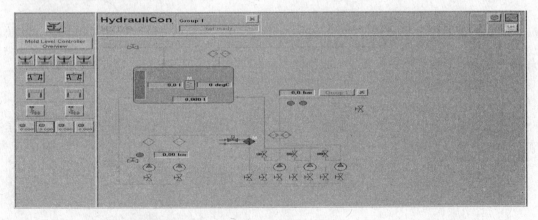

图 6-58　液压控制画面

点击导航按钮 显示单独的液压包系统，鼠标经过每 个单独的液压包系统时，会自动显示每组高压泵的状态，如：第一组高压泵没有准备好，显示为：![HydrauliCon Group 1]。这时手动启动液压泵，步骤为：（1）确认振动液压泵控制方式在远程。分别点击"高压泵、循环泵、加热器、冷却器"的符号，在弹出的对话框中，将启动方式分别选为"manual"手动方式。（2）确认泵条件满足时，点击循环泵的符号，在弹出的对话框中，点击"on"按钮，启动循环泵。（3）点击高压泵中的任意一台高压泵的符号，在弹出的对话框中，点击"start"按钮，依次启动高压泵。（4）点击加热器的符号，在弹出的对话框中，点击"on"启动加热器。（5）点击冷却器的符号，在弹出的对话框中，点击"on"启动冷却器。

F　结晶器专家控制画面应用

结晶器专家控制画面如图 6-59 所示。

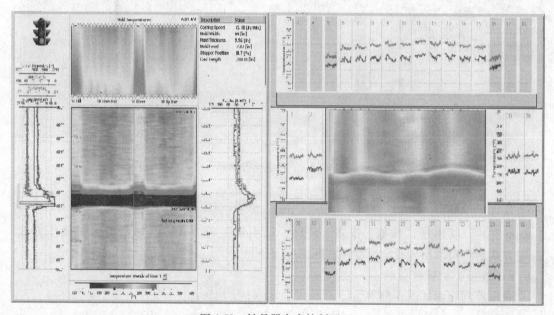

图 6-59　结晶器专家控制画面

结晶器专家依靠安装在结晶器四面铜板上的热电偶实现结晶器温度检测、漏钢预报、摩擦力检测、热流检测等功能。一般包含多个软件包。

G　结晶器调宽控制画面应用

结晶器调宽控制画面如图 6-60 所示。

结晶器调宽分为冷态和热态调宽。按照计算模型数据通过编码器指令调整结晶器液压缸，改变结晶器锥度和下口值实现宽度调整。

6.3.2.3　连铸生产作业操作介绍

A　送引锭操作

连铸送引锭分为上装和下装两种方式。上装方式依靠卷扬机将引锭链从结晶器上口装入，主要优点是浇次间准备时间短，前一浇次封顶出坯过程，下一浇次引锭链即可装入，提高了连铸机作业率。下装方式依靠驱动辊将引锭链从二冷区装入结晶器。开浇后，钢水在引锭头部凝固，通过拉矫辊牵引引锭链将铸坯拉出。

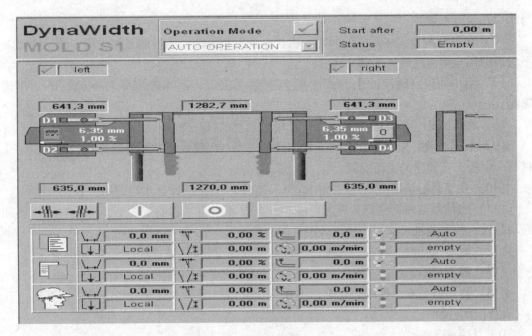

图 6-60 结晶器调宽控制画面

B 堵引锭操作

堵引锭操作是连铸生产中一项重要的操作，引锭头堵得好坏直接关系到浇注的成功与否，严格操作并遵守规定，可以避免引锭头封堵造成的生产事故。

a 引锭头停止位置

（1）引锭头停止位置规定为距离结晶器上端 350~450mm。

（2）引锭头与结晶器四壁之间的间隙控制在 4~10mm 范围内。

（3）引锭杆跑偏量即结晶器宽面中心线与引锭杆中心线的距离，不允许超过 10mm。

b V 形石棉块密封方法

（1）把引锭头固定在结晶器宽面和窄面的中间，用 V 形石棉块将引锭链和结晶器铜板相互固定，先固定外弧，再固定内弧。

（2）以后按外宽面→窄面顺序依次打入。

（3）原则上用 1 块 V 形块，但间隙大时可用 2 块。

（4）V 形石棉块垂直面贴紧铜板表面，若用 2 块也要把垂直面贴在铜板面上。

c 结晶器内钉屑及冷钢条的摆放

（1）宽面的钉屑投入量厚度为 8~10mm，窄面的钉屑投入量厚度为 10~15mm。

（2）在银锭头上铺好钉屑后，将冷钢条按照一定的要求摆放，准备开浇。

C 开浇操作

（1）确认水口与结晶器对准，确认中间包与水口正常烘烤。

（2）确认引锭头堵塞和铸机所有工艺和设备冷却水均在正常状态。

（3）确认钢包与中间包对准，确认钢包内浇铸温度和浇注钢种。

（4）主控室通知连铸所有岗位，铸机将准备开浇。

（5）检查塞棒和压机，确认在正常状态。在压机上插入压棒，升降塞棒，确认塞棒头与水口孔位置正常。

（6）在打开塞棒气体开关的同时，机长指挥钢包开浇。为控制飞溅先用中流，在飞溅平缓后即用全钢流浇注。

（7）当中间包内钢流面上升到中间包有效高度时，适当控制钢包钢流，防止钢流冻结。

（8）在控制钢包钢流的同时，机长通知中间包水口开浇。

（9）根据经验，中间包开浇钢流大小必须适当，以保证不冲坏引锭头和冲翻堵引锭头材料，保证工艺要求的出苗时间。

（10）在结晶器钢液面上升过程中，试关塞棒 1~2 次，保证水口关闭可靠。

（11）当结晶器内钢液到达规定高度时，在保证出苗时间的条件下，铸机启动拉坯和振动装置。按工艺规定执行，执行设定起步拉速。

（12）起步拉坯时，待浸入式水口出口被钢液淹没后向结晶器钢液面加保护渣。

（13）控制调节塞棒的氩气。

（14）使用自动液面控制装置时，可在机长发出中间包水口开浇指令时，打开运行开关，进行开浇操作。

D　封顶操作

钢包钢水浇完后，浇注继续以正常浇注速度进行，直到中间包钢水液面高度降低，这时，浇注速度必须相应地降低，当中间包的钢水浇完 1/2 时，应将浇注速度减小到正常浇注速度的 1/2~2/3 左右，当中间包钢水高度达到大约 250~350 mm 时，就不再添加保护渣。当中间包钢水下降到大约 200mm 时，必须将保护渣从结晶器内进行捞渣。当中间包钢水高度达到大约 150 mm 时，关闭中间包，连铸机转为蠕动速度，或转到最低拉速并将中间包车开走，此后，立即捞净结晶器钢液面上的渣子。所有的渣除去之后，用烧氧管搅动钢液，这一操作要均匀而充分。然后用喷淋水喷在铸坯尾端或结晶器铜板的周围，加快其尾部坯壳的凝固。

E　生产模式转换操作

连铸主要生产模式有：维修模式、送引锭模式、蠕动模式、检查模式、浇铸准备模式、浇铸模式、浇铸结束模式等。在生产的不同阶段，选用对应的模式，模式的选择一方面可以确认生产条件是否满足，另一方面规范了浇铸操作顺序，避免了操作失误。

复习思考题

6-1　氧枪操作站控制画面如图 6-1 所示，试结合该画面叙述转炉炼钢生产的吹炼工艺。

6-2　RH 法（真空循环脱气法）真空系统监控画面如图 6-9 所示，试结合画面叙述真空系统的日常操作。

6-3　结合图 6-29、图 6-31、图 6-33，分别叙述 LF 炉钢包精炼日常进行加料、调温和吹氩搅拌的操作步骤。

6-4　结合图 6-48 连铸系统画面，叙述连铸生产工艺。

6-5　结合图 6-53~图 6-55 所示监控画面，分别叙述连铸生产过程中，对一冷泵、二冷泵和结晶器控制所进行的日常操作。

7 烧结生产监控画面简介

7.1 烧结生产自动化简述

烧结生产是冶金工业的主要工序之一，它和球团工艺一起构成冶金工业的造块工艺，为高炉生产提供主原料，烧结工艺生产出的烧结矿一般占到整个高炉原料结构的 70% ~ 80%，这充分反映出其在冶金工业生产中的地位，其工艺流程一般由原燃料加工、配料、混合制粒、布料、点火烧结、破碎及冷却、成品整粒等工艺流程构成，其主要工艺流程为配料和点火烧结。目前我国烧结机正朝着大型化、清洁型、节能环保的方向发展，100 m^2 以下的烧结机将逐步淘汰。

随着计算机的高速发展，计算机控制技术在烧结工艺过程中得到了越来越广泛的应用，国内外许多著名的控制系统在烧结生产中已成为十分成熟可靠的技术产品。从 90m^2 到 450m^2 的烧结机系统中，均有相应的应用实例。

烧结计算机控制系统的应用软件是根据烧结工艺过程控制及生产管理要求，利用计算机控制系统的系统软件、组态软件、监控软件、数据库软件等编制而成的工艺过程控制及管理软件。应用软件主要包括了配料室部分和烧结机部分。下面结合画面进行描述。

7.2 烧结生产主要画面介绍

7.2.1 配料系统监视画面

配料室的配料计算机控制是烧结自动化的重要部分，其技术已相当成熟，现在已形成独立的专家系统。其基本的设计思想为：从配料室开始，计算其化学成分，然后跟踪原料在系统中的动态运行过程，计算其形成冷、热返矿的预计化学成分和烧结矿化学成分。通过与以往输入的实际化学成分对比找出其修正偏差。最后根据目标化学成分、目标偏差以及正在参与配料的原料品名、原料成分通过多次迭代搜索出合理的配比方案来参与配料。配料系统监视画面如图 7-1 所示。

画面上设置的"系统检查"按钮为整个系统启动条件检查所用，当启动条件具备，画面料仓变绿，按动画面中的"系统启动"，配料系统启动。若要停止系统，可按动"系统顺停"按钮，若遇事故状态，可按动"系统急停"按钮，系统瞬时全部停止。系统的故障状态在画面第二行左端以红色显示，按动"复位"按钮可对故障进行复位和消除音响报警。画面第二行右端显示配料仓下面接料皮带的运行状态，绿色为运行。"缓料"按钮是在烧结中间仓满后要求配料室展缓上料使用。画面的右侧显示每个料仓目前为自动、手动还是远动状态。按动画面上的"选择仓"按钮、"配比设定"按钮、"水分及粒度"按钮，将分别显示如图 7-2 所示配料槽位监视画面、如图 7-3 所示配比监视画面和如图 7-4 所示原料水分控制及物料跟踪画面。

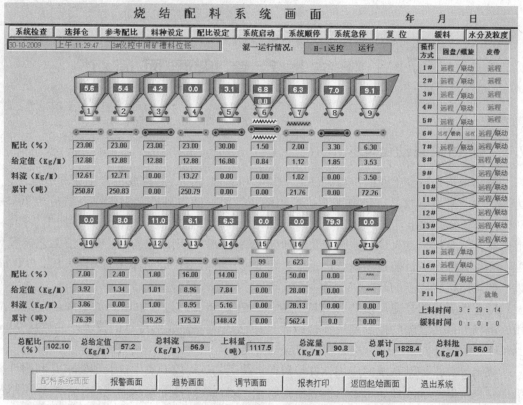

图 7-1　配料系统监视画面

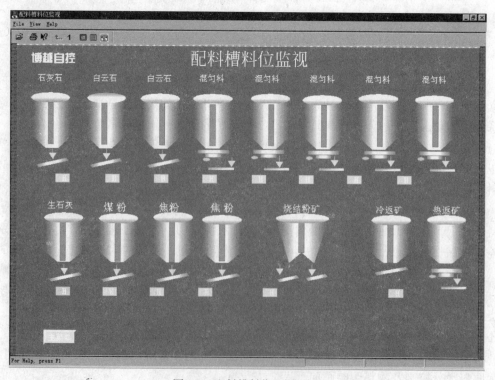

图 7-2　配料槽料位监视画面

配比监视画面

槽号	品名	计算配合比	设定配合比	采用配合比	设定水分率	采用水分率	配合系数	配合量	运转状态
01	石灰石		SET_PB012	USE_PB01	SET_WF01	USE_WF01	PBHK01	PBSV01	
02	白云石		—	USE_PB02	SET_WF02	USE_WF02	PBHK02	PBSV02	
03	白云石		SET_PB023	USE_PB03	SET_WF03	USE_WF03	PBHK03	PBSV03	
04	均矿			USE_PB04	SET_WF04	USE_WF04	PBHK04	PBSV04	
05				USE_PB05	SET_WF05	USE_WF05	PBHK05	PBSV05	
06			SET_PB048	USE_PB06	SET_WF06	USE_WF06	PBHK06	PBSV06	
07				USE_PB07	SET_WF07	USE_WF07	PBHK07	PBSV07	
08				USE_PB08	SET_WF08	USE_WF08	PBHK08	PBSV08	
09	生石灰		SET_PB09	USE_PB09	SET_WF09	USE_WF09	PBHK09	PBSV09	
10	煤粉		SET_PB1011	USE_PB10	SET_WF10	USE_WF10	PBHK10	PBSV10	
11	煤粉		—	USE_PB11	SET_WF11	USE_WF11	PBHK11	PBSV11	
12	焦粉		SET_PB1112	USE_PB12	SET_WF12	USE_WF12	PBHK12	PBSV12	
13	烧结粉		SET_PB1314	USE_PB13	SET_WF13	USE_WF13	PBHK13	PBSV13	
14				USE_PB14	SET_WF14	USE_WF14	PBHK14	PBSV14	
15	冷返矿		SET_PB15	USE_PB15	SET_WF15	USE_WF15	PBHK15	PBSV15	
16	热返矿		SET_PB16	USE_PB16	SET_WF16	USE_WF16	PBHK16	PBSV16	

总配合比　配比变更　水分率变更　总输送量: 总输送量

合理性检查错误!

主菜单

开始　Hmi　Aaa - CIMPLICITY Wo...　配比设定　CH 18:18

图 7-3 配比监视画面

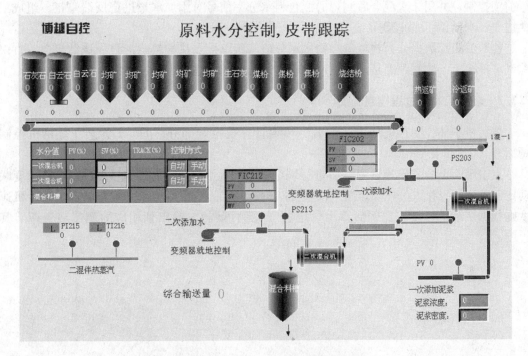

图 7-4 原料水分控制及物料跟踪画面

7.2.1.1　配料槽料位管理画面介绍

根据不同的料位计进行必要的换算，得到各个原料矿槽原料料位百分比和原料重量，并发出上上限、上限、下限、下下限报警信号，也可与原料场计算机通讯或电气联锁，确定进料。当料位值达到下下限时，通知系统自动进行换槽处理。

7.2.1.2　配料排料配比控制画面介绍

配比是配料控制的核心。因配料槽排出的各种原料常常是为保证一定的配比而进行控制的，在按顺序地逐步停止、全部停止或再启动时，都要保持给定的配比。根据各料槽的配比和水分率来计算配合系数。以总的输送量乘以配合系数的结果作为料槽的排出量设定值。对这个排出量设定值进行延时处理，作为控制装置的设定值。控制装置采用数字混合PI调节方式，通过将累计偏差（测量值-设定值）保持为零实现上述控制。上述设定值的计算及原料水分的自动补偿都由计算机进行。也可通过上位计算机，用通信方式给出原料槽的配比。另外，上述配比及水分率还可以用操作站来设定。

7.2.1.3　加水量控制及物料跟踪画面介绍

加水量控制分为：原料数据跟踪和水分控制两部分。其中水分控制分为一次混合加水控制和二次混合加水控制。

一次混合加水为粗加水，采用人工定量加水，在一次混合加水管设置流量计，对添加水量进行计量。二次混合加水控制根据原料重量、原料原始含水量跟踪值和一混加水量进行前馈控制，并用二次混合后测得的混合料水分率信号对添加水量进行反馈修正，组成二次混合加水前馈-反馈控制系统。

物料的跟踪数据分为物料量和物料水分值。跟踪接点从配料、混合、烧结机，一直跟踪到环冷机上。物料跟踪是工厂生产自动控制的关键，也是生产过程物料平衡的关键。

7.2.2　烧结机本体过程控制画面

烧结机本体控制是烧结生产的另一重要计算机控制部分，图7-5为某厂烧结机控制画面。

点击画面上的"转速设定"将进行烧结机、圆辊给料机、九辊布料器、环冷机速度联动比例控制。操作人员在操作站上设定烧结机速度，圆辊给料机、九辊布料器、环冷机速度则根据烧结机速度按比例演算出设定值（比例可调），输出到相应的调速装置调节其速度。

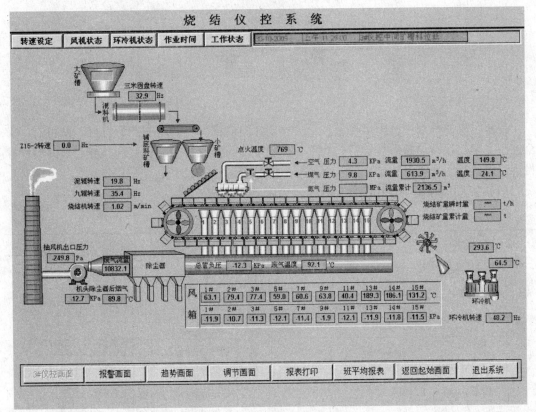

图 7-5　烧结过程控制监视画面

复习思考题

7-1　叙述配料室配料控制的基本设计思想。

7-2　结合配料工艺流程，对图 7-1~图 7-4 给出的画面进行说明。

7-3　结合图 7-5 烧结过程控制监控画面，试叙述烧结生产工艺流程。

附　录

　　控制系统原理图中的图形符号，是一种设计的语言。了解这些图形符号，就可看出整个控制方案与仪器设备的布置情况。自动控制中的图例及符号，已有统一规定，并经国家批准予以执行。现将其中常用的一部分列出供参考。

　　（1）控制流程图中常用的图形符号，见附表1。

附表1　控制流程图中常用图形符号

内　容		符　号	内　容		符　号
常用检测元件	热电偶	↙	仪表安装位置	就地盘内安装	⊖
	热电阻	↲	执行机构形式	电磁执行机构	⊡ S
	嵌在管道中的检测元件	─○─		带弹簧的薄膜执行机构与手轮组合	⌓
	取压接头（无板孔）	─┤├─		带弹簧的薄膜执行机构与阀门定位器组合	⌓
	孔　板	─┤├─	常用调节阀	球形阀、闸阀等直通阀	─▷◁─
	文丘里及喷嘴	─▷◁─		角形阀	▷
执行机构形式	带弹簧的薄膜执行机构	⌓		蝶阀、风门、百叶窗	─●─
	不带弹簧的薄膜执行机构	◇		旋塞、球阀	─▷◁─
	电动执行机构	Ⓜ		三通阀	▽
	活塞执行机构	⊟		其他形式的阀	─⊡ X─
仪表安装位置	就地安装	○	执行机构形式	带弹簧的薄膜执行机构	⌓
	就地安装（嵌在管道中）	─○─		带人工复位装置的电磁执行机构	⊡ S ◇ S
	盘面安装	⊖			
	盘后安装	⊖		带远程复位装置的电磁执行机构	⊡ S ◇ S
	就地盘面安装	⊖			

（2）文字符号。表示参数的见附表2，表示功能的见附表3。

附表2　表示参数的文字符号

参　数	文字符号	参　数	文字符号
分析	A	时间或时间程序	K
电导率	C	物位	L
密度	D	水分或湿度	M
电压（电动势）	E	压力或真空	P
流量	F	数量或件数	Q
尺度（尺寸）	G	速度或频率	S
电流	I	温度	T
功率	J	黏度	V
重量或力	W	位置	Z

附表3　表示功能的文字符号

功　能	文字符号	功　能	文字符号
指示	I	继动器（运算器等）	Y
控制（调节）	C	开关或联锁	S
记录	R	报警	A
积分、累计	Q	比（分数）	F
操作器	K	检测元件	E

（3）仪表位号的编制原则及用法说明。对于自动控制流程中的检测仪表、显示仪表和控制器，用圆并在圆中标注文字符号和数字编号来表示，表示参数及仪表功能的文字符号填在上半圆中，数字编号填在下半圆中，如附图1所示。

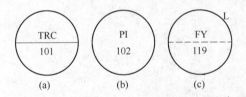

附图1　仪表功能与数字编号
（a）盘面安装仪表；（b）就地安装的压力指示表；（c）流量继动器

附图1（a）表示盘面安装仪表，是一台带指示记录的温度控制器；按规定一台仪表如有指示与记录的功能，则只标记录而不标指示；圆下部的数字则是该仪表在控制流程图上的编号。

附图1（b）表示一台就地安装的压力指示表，其编号为102。

附图1（c）是一台流量继动器，其功用是作为流量的低值选择，圆右上方L字母即代表此继动器，Y代表低值选择器，此仪表安装在盘后。

有关图形符号的使用方法，在国家标准 GB 2625—1981 中均有详细规定，在此从略。

参 考 文 献

［1］刘元扬. 自动检测和过程控制（第 3 版）［M］. 北京：冶金工业出版社，2005.

［2］王立萍，胡素影. 冶金设备及自动化［M］. 北京：冶金工业出版社，2010.

［3］马竹梧. 炼铁生产自动化技术［M］. 北京：冶金工业出版社，2006.

［4］刘玉长. 自动控制和过程控制（第 4 版）［M］. 北京：冶金工业出版社，2010.

［5］王明海. 冶金生产概论［M］. 北京：冶金工业出版社，2011.

［6］何泽民. 钢铁冶金概论［M］. 北京：冶金工业出版社，1989.